# 벌레가 지키는 세계

비키 허드 Vicki Hird 지음
신유희 옮김
진고로호 그림

땅을 청소하고,
꽃을 피우며,
생태계를 책임지는
경이로운 곤충 이야기

# 벌레가
# 지키는
# 세계

미래의창

## 이 책에 쏟아진 찬사

이 얼마나 환상적이고, 시기적절하며, 요긴한 책인가! 알고 보면 인류의 식량 체계, 경제, 문명의 가장 기초를 담당해온 벌레들을 우리 사회는 너무도 오랫동안 무시해왔다. 탄탄한 근거를 갖췄으면서도 쉽고 재미있는 문체로, 작가는 우리가 곤충을 소중하게 대하기 위해 무엇을 할 수 있는지, 그리고 왜 그래야만 하는지를 희망적이고 매력 있게 풀어냈다. 그러면서도 근처 정원이나 공원에서 할 수 있는, 비교적 간단하고 쉬운 일을 소개하는 것에서 그치지 않고, 농업, 정치, 경제, 문화 전반에서 시스템 차원의 변화가 이루어져야 함을 지적하고, 놀라운 곤충의 세계에서 발견한 흥미로운 통찰력을 제시하는 것 또한 잊지 않았다.

— **크레이그 베넷**, 야생동물 보호 단체 '와일드라이프 트러스트Wildlife Trusts' CEO

벌레에 관한 흥미로운 이야기를 잔뜩 담은 책! 작가는 런던에서 태어났지만, 평생 자연, 특히 곤충에 깊이 매료됐다. 도시에서도 얼마든지 이런 흥미를 탐구할 수 있다는 걸 알았다. 책 속에서 펼쳐지는 그녀의 경험담은 벌레에 대한 애정이 얼마나 크고 깊은지를 선명하게 드러낸다.

— **패트릭 홀든**, '서스테이너블 푸드 트러스트Sustainable Food Trust' 창립자


벌레를 향한 작가의 애정에는 전염력이 있다. 그녀의 지식은 백과사전과 다름없다. 벌레를 끔찍이 무서워하는 독자들도 책을 읽고 나면, 그녀처럼 벌레를 사랑하게 되지는 못하더라도, 적어도 벌레를 존중하는 마음이 생기리라고 장담한다. 도대체 벌레가 우리에게 어떤 도움이 되는 건지 궁금했다면 이 책을 추천한다.

— **캐롤라인 루카스**, 영국 녹색당 하원의원


1987년, 생물학자 에드워드 윌슨은 '벌레'가 세상을 움직인다고 말했다. 그러나 우리는 그 말에 귀를 기울이는 대신 이토록 필수적인 생물체 수백만 종을 멸종 위기로 몰아넣었다. 비키 허드는 더 늦기 전에 우리가 왜 벌레에 대한 사회·문화적 인식을 바꾸고 이러한 멸종 사태를 반전시켜야 하는지, 그리고 어떻게 그렇게 할 수 있는지를 제시한다. 다소 어렵고 심각한 주제임에도 가볍고 재미있게 읽을 수 있도록 설명하고 있다.

— **더글라스 W. 탈라미**, 《자연의 가장 큰 희망Nature's Best Hope》 저자

더없이 귀엽고 사랑스러운 책인 동시에, 세상을 바꿔놓을 수 있는, 또 그래야만 하는 책이다. 전 세계 곤충의 몰락은 생물 다양성에 닥쳐온 위기 중에서도 가장 큰 문제다. 우리는 종종 훼손된 자연을 위해 인간이 할 수 있는 것은 아무것도 없다고 느끼지만, 이 책은 우리가 실제로 일상에서 실천할 수 있는 것들이 있음을 알려준다.

— **휴 핀리 휘팅스톨**, 각종 수상 기록을 지닌 작가이자 방송인

이 책은 우리 사회가 직면한 중요한 과제를 해결하기 위해 지금 바로 행동하고 움직여야 한다고, 그리고 우리가 무척추동물 또는 벌레라고 부르는, 놀랍도록 작은 동물들을 끔찍하게 말살하는 일을 멈춰야 한다고 단호하게 이야기한다. 자, 이제 다시 벌레들을 원래대로 돌려놓을 때다!

— **매트 샤트로우**, 작가이자 무척추동물 보호 단체 '버그라이프Buglife' CEO

# 추천의 말

개미들은 내가 그들을 보고 있다는 것을 알았다. 더 가까이에서 보고 싶은 마음에 나는 그들의 집 바로 위까지 머리를 들이밀었다. 숨을 참고 있어서, 일개미들은 아무것도 모른 채 즐거운 듯 그들의 앙증맞은 구기로 진흙을 주물러서 굴을 팠다. 그 모습이 마치 자그마한 시멘트 믹서 같았다. 그러나 언제까지고 숨을 참을 수는 없는 노릇이었다. 어쩔 수 없이 숨을 내쉬는 순간, 머리가 유난히 큰 병정개미들이 내 존재를 알아차리고는 내가 너무 가까이 다가왔다고 경고라도 하듯이 우르르 몰려나왔다. 그러나 별문제는 아니었다. 한 발짝만 뒤로 물러서면 다시 '흰개미 관찰'을 시작할 수 있었다. 적당한

거리를 유지하기만 하면 흰개미들은 금세 안정을 되찾아 군집을 키우고, 먹이고, 보호하는 일상으로 돌아갔다.

나는 어린아이였을 때부터 흰개미 군집의 일개미들이 형태와 크기가 제각각 다르고, 일개미와 병정개미의 역할이 나누어져 있다는 사실에 크게 매혹됐다. 게다가 이것들이 전부 '하나의 군집'을 이루다니! 흰개미는 인간만이 유일하게 대단한 것은 아니라는 사실을 내게 처음으로 알려준 존재다.

나는 1980년대 초 케냐에서 텔레비전이나 인터넷도 없이 맨발로 뛰어놀며 자랐다. 장난감 대신 흰개미를 구경하고, 장님개미를 피하며 놀았다. 까맣고 반질거리는 딱정벌레를 잡아서 달콤하고 신선한 풀을 먹이로 주기도 했다. 그것이 다섯 살짜리가 생각해낼 수 있는 최선이었다. 그 작은 애완 딱정벌레가 육식동물이어서 풀을 먹지 않는다는 사실을 어린 내가 알 리는 만무했기에 그들은 얼마 못 가 생명을 다했고, 내 관심은 노래기로 옮겨갔다. 나는 진홍색 다리를 끊임없이 움직여서 파도처럼 출렁이며 나아가는 노래기의 모습에 푹 빠져들었다. 다행히도 그때의 나는 곤충을 키우겠다는 꿈을 버린 후였다. 그러나 노래기를 건드려보고 싶은 마음을 참지 못해 부드럽게 쿡 찔러보곤 했다. 그럴 때마다 노래기는 자기 몸을 방어하려고 완벽한 나선형을 이루며 몸을 말았다.

무척추동물에 대한 이러한 관심이 어디서 왔는지는 나도 모르겠다. 자연 도감 같은 것을 봤던 것도 아니었고, 내게 어떤 특별한 점이 있었던 것은 더더욱 아니었다. 유일하게 그럴듯한 추측은, 무척추동물 자체가 '거기에 있는 것'만으로도 흥미를 끄는, 대단히 매력적인 존재라는 것이다. 그러나 안타깝게도 요즘 아이들, 특히 도시에 사는 아이들이 일상에서 무척추동물을 만날 기회는 거의 사라졌다. 그리고 이는 단순히 행복한 유년 시절의 추억과 공짜 놀잇거리를 잃었다는 사실에 그치는 것이 아니라, 인류 전체에 닥친 실존적 위협이다.

1970년 이후로 세계에서 전체 곤충의 개체 수가 매년 10%씩 감소하고 있다.[1] 이런 추세라면 2050년에는 전체 곤충의 80%가 사라질 것이다.[2] 사실 좀 더 범위를 좁혀서 살펴보면 일부 유럽에서는 이미 그 이상을 기록했다. 독일과 네덜란드의 연구원들이 지난 27년간의 기록을 추적한 결과, 한여름에 하늘을 날아다니는 곤충 생물군이 무려 82%나 감소했음이 드러났다.[3] 하향 곡선은 멀미가 날 만큼 급격하게 가팔라지고 있다. 이대로 가다가는 지금 세대가 살아생전에 생태계의 완벽한 붕괴를 목격할지도 모른다.

이 책은 이러한 암울한 배경에 맞서서, 이 추세를 뒤집기 위해 우리가 무엇을 할 수 있는지와 같은 실질적인 조언과 더불어 현실성 있는 낙관주의를 제시한다. 아이들을 위한 활동부터 시민운동, 그리고 정치인과 대기업을 대상으로 한 활동에 이르기까지, 모든 기본

지식을 꼼꼼하게 다룬다. 비키 허드가 펼쳐 보인 풍경 속에는 작은 무척추동물의 세계로 향하는 모든 접점이 명확하게 드러난다.

우리는 모두 일상 속에서 작게나마 '리버깅rebugging'을 위해 노력해야 한다. 언어에는 힘이 있다. '리와일딩rewilding(재야생화)'이라는 단어가 만들어진 순간, 고작 단어 하나이지만 이것은 사람들에게 전체 생태계를 회복하고 균형을 찾으려면 자연이 이끄는 대로 따라가야 한다는 완전히 새로운 사고방식을 심어주었다. 리와일딩 운동이 벌어지면서 늑대, 곰, 비버와 같은 핵심종들은 이 운동의 상징으로 떠오르며 슈퍼스타가 됐다. 그러나 크고 매력적인 대형 동물과 식물군 전체를 지탱하는 것은 사실, 전혀 사랑받지 못하는 무척추동물 세계의 영웅들이다. 리버깅은 생태계 전체가 이루는 아름다운 조화를 지키고 유지하는 데에 있어서, 작고 눈에 띄지 않는, 수없이 많은 무척추동물의 역할이 얼마나 크고 소중한지를 인지하고 인정하자는 움직임이다. 또한 이 세계의 모든 경이롭고 작은 생명체에게 비유적 의미의 집뿐만 아니라, 문자 그대로의 집을 되돌려줘야 한다는 시급한 문제를 다루고 있다.

내가 사랑하는 흰개미는 어떨까? 인터넷에 검색해보면 하나같이 흰개미를 세계에서 가장 파괴적인 곤충으로 소개한다. 그러나 인터넷으로는 날개 달린 수컷 개미와 여왕개미가 결혼비행을 할 때, 날개가 반짝거리며 빛나는 모습이 마치 자연이 뿌리는 종이 꽃가루처럼 보인다는 사실을, 그리고 비행 이후 며칠이 흐르면 오랫동안 기다린 폭우가 마법처럼 땅을 적셔준다는 사실을 알 수 없다. 내가 기억하는 흰개미는 비를 기다리던 사람들 사이에서 흥분과 안도감이 뒤섞인 생생한 분위기를 한층 더 고조시켜주는 존재였다. 오랫동안 이어진 뜨겁고 건조한 계절이 끝날 무렵에 이루어지는 그들의 비행은 곧 비가 올 것을 예고해주기 때문이다. 비가 오면 작물이 자라고 사람들은 배를 채울 수 있을 테니 말이다.

**길리안 버크**,
BBC 자연 다큐멘터리 〈스프링워치Springwatch〉의 사회자이자
'버그라이프' 부대표

Contents

Rebugging
the Planet

이 책에 쏟아진 찬사  4
추천의 말  7
들어가며  14

Chapter 1 ◦ 벌레를 대하는 우리의 자세  37

벌레도 시민으로 인정하다 | 아이들은 벌레를 사랑한다 | 언어, 예술, 문화 속의 벌레들 |
가까이에서 보면 더 아름다운 | 벌레에게 배울 수 있는 것들 | 다양성이 주는 교훈

Chapter 2 ◦ 벌레가 우리에게 해주는 것들  61

쓰레기를 비료로 바꿔주는 딱정벌레와 지렁이 | 수질 지킴이 전문가, 담륜충 | 박각시나
방의 혀 | 식물을 지켜주는 말벌 | 해충을 없애주는 무당벌레 | 벌레를 활용한 해충 관리
전략 | 구더기와 거머리를 치료에 활용하다 | 벌레는 맛있는 식품 자원 | 벌레도 감정을
느낄까?

Chapter 3 ◦ 리버깅으로 자연을 다시 회복하다  85

리와일딩이 벌레에게 도움이 된다? | 사라진 종이 다시 돌아오게 하는 일 | 리버깅 배우
기 | 새로운 변화의 시작 | 리와일딩과 리버깅의 이면에 숨은 이야기

Chapter 4 ∘ 공원과 도시: 주변 세계를 리버깅하기  117

도시에서 리버깅하기 | 정원에서 리버깅하기 | 공동 정원이나 텃밭에서 리버깅하기 | 미래를 향한 희망


Chapter 5 ∘ 기후변화와 환경오염: 리버깅을 위한 더 큰 과제  139

기후변화가 불러온 재앙 | 환경오염의 결과 | 외래 유입종의 침략 | 인공적인 환경: 소음공해, 광공해, 와이파이/5G


Chapter 6 ∘ 농업, 식품산업, 소비가 벌레에 끼치는 영향  167

벌레를 위한 땅 '남겨두기'와 '공유하기' | 애벌레 반쪽이 나온 사과가 예쁜 사과보다 낫다 | 식습관을 리버깅하라 | 문제의 육류 | 식품 낭비와 쓰레기 이야기 | 생산자에게서 식품 구매하기 | 우리가 입는 티셔츠에는 얼룩이 있다 | 우리가 입는 옷이 벌레에 미치는 영향 | 목화 재배를 위해 숲을 파괴하다 | 미세플라스틱 재앙 | 리버깅을 고려한 현명한 소비


Chapter 7 ∘ 정치와 경제: 벌레가 돌아오려면 바뀌어야 할 것들  211

형편없는 지배 구조와 정치 | 불평등과 가난 | 자연과 동등한 관계 이루기 | 무분별한 소비지상주의 | 더 나은 미래


Chapter 8 ∘ 벌레가 돌아온 세계  237


리버깅을 시작하려는 당신에게  247
감사의 글  258
주  259

# 들어가며

"네가 살고 번성하고 싶다면, 거미가 살아 있게 하라."

내가 어릴 때 배운 오래된 격언이다.

어린 시절, 나는 조랑말이 갖고 싶었지만, 부모님이 허락할 리가 없었기에 대신 개미를 키우기로 했다.

벌레와 자연에 대한 내 흥미가 어디서 왔는지는 나도 전혀 짐작 가는 데가 없다. 어쩌면 아름다운 정원을 가꾸고 새를 돌봤던 할머니와 할아버지에게서 왔을지도 모르겠다. 열한 살 때 목에 쌍안경을 두른 사진과 함께 꼬마 조류 관찰자로 지역 신문에 실린 적이 있긴 하지만, 내가 새를 벌레만큼 좋아한 적은 단 한 순간도 없었다. 내 시선은 언제나 아래를 향했다. 우리 집 정원에는 개미가 자주 출몰했는데, 그때마다 엄마는 투덜대며 개미집에 뜨거운 물을 부었다. 그러나 개미들은 어디선가 끊임없이 나타났다. 그들의 사회적 행동은 더없이 흥미로웠다. 개미들은 전부 어디로 가는 것이며, 죽은 동료의 시체는 왜 들고 다니는 것일까? 나는 좀 더 쉽게 관찰하려고 정원의 개미들을 잡아다가 내 방에 있는 오래된 아이스크림 통에 넣어 두었다. 그러나 나는 개미 돌보는 방법을 제대로 알지 못했고, 결국 개미들은 어린 소녀의 방에서 전부 죽거나 도망쳤다.

내가 처음으로 벌레에 관한 책을 읽은 것은 생일선물로 〈콜린스의 곤충 가이드Collins insect guides〉 시리즈와 이디스 홀든Edith Holden의 《컨트리 다이어리The Country Diary of an Edwardian Lady》를 받았을 때였다. 《컨트리 다이어리》는 홀든이 세상을 떠난 후에, 그녀가 남긴 관찰 일기와 시 그리고 식물, 새, 곤충을 담은 아름다운 그림을 엮어서 출판한 것이었다. 그림에는 영 소질이 없었음에도 나는 그 책에 완전히 매료됐다. 이후로도 무척추동물에 대한 나의 애정은 쭉 계속됐다. 이런 내게 선생님들은 생물학 공부를 추천해주었는데, 그중 한 선생님은 시험이 끝난 후 여름 동안 지역 연구실에서 일할 기회를 만들어주었다. 마트에서 물품 정리하는 아르바이트에 비교하면 꿈같은 일이었다. 덕분에 나는 세계적인 벌 전문가 밑에서 시간을 보내면서, 벌집을 드나드는 벌의 수, 다리에 꽃가루를 묻힌 벌과 그렇지 않은 벌의 수를 셌다. 또한 어떤 페로몬(벌이 의사소통할 때 쓰는 화학적 신호)이 먹이를 찾게 하고, 전투나 비행을 하게 만드는지 확인하는 실험에도 참여했다. 곤충을 사랑하는 마음이 완전히 뿌리를 내린 것도 아마 이때인 듯하다. 벌을 연구해본 사람은 벌과 사랑에 빠지지 않고는 못 배긴다.

몇 년 후, 나는 쥐, 진딧물, 굴파리, 바퀴벌레 등을 연구하면서 마침내 흔히 해충이나 유해 동물로 알려진 종도 존중하게 됐다. 억울하게 비난받는 이 곤충들은 놀랍도록 윤기가 나며, 빠르기까지 하다. 실험실에서 도망친 벌레를 잡으러 쫓아다니면서 알게 된 사실이다. 그들은 적응력이 매우 뛰어나서 몹시 다양한 환경에서도 생존하며 온갖 것을 먹이로 삼는다. 새끼에게 젖을 먹이는 벌레도 있다. 당시 나는 해충을 통제할 방법을 연구했지만, 지금 생각해보면 사실 우리가 통제해야 할 것은 다름 아닌 인간이다.

약 30년간 환경운동가이자 연구원으로 활동하면서 절망이 나를 삼키려고 할 때마다 무척추동물은 내게 강력한 동기가 되어주었다. 자녀가 생긴 이후에는 아이들에게 물려줄 지구를 보호해야 한다는 책임감이 더욱 강해졌다. 지렁이에 푹 빠진 아이의 모습을 지켜보는 기쁨은 덤이었다. 어린 두 아들을 위해 대벌레를 키우기도 했는데, 아이들에게 평생 기억할 만한 추억이 되었으리라 생각한다. 곤충을 향한 나의 열정은 아직도 식지 않았다. 나는 50번째 생일을 기념해서 어깨에 (마다가스카르에만 서식하는) 기린목 바구미 giraffe-necked weevil 문신을 새긴 적도 있다.

환경과 자연의 아름다움을 보호하려는 수많은 환경운동가, 과학자, 환경보호 단체의 노력에도 불구하고 지난 수십 년간 인간은 자원을 과도하게 낭비하여 환경을 크게 망가뜨렸다. 무척추동물의 개체 수에 심각한 위기가 닥쳤음을 보여주는 증거가 점점 늘어나고 있으며, 이제 더는 기존처럼 산업을 이어나갈 수 없음이 분명해졌다.

다소 덜 과학적이기는 하지만 대중의 경각심을 일깨워줄 만한 근거가 하나 있다. (나를 포함해서) 어느 정도 나이가 있는 사람들은 자동차 앞 유리에 달라붙는 벌레들이 이상하리만큼 많이 줄어든 것을 느낄 것이다. 내가 어렸을 때만 해도 가족끼리 차를 타고 잉글랜드를 가로질러 여행을 할 때면, 자동차 앞 유리와 헤드라이트가 죽은 벌레 사체로 범벅이 되곤 했었다. 그런데 지금은 교외로 소풍을 가거나 산책을 해봐도 벌이나 나비를 만나기가 훨씬 어려워졌다. 지구 생태계를 지탱하는 주역 중에서도 가장 친근한 벌레인 그들조차 모습을 감춘 듯하다.

너무 과장하는 것 아닌가 싶을 수도 있겠다. 실제로 무척추동물 전체가 멸종할 가능성은 매우 희박하다. 그러나 영국을 비롯한 전 세계에서 이루어진 많은 연구 결과는 곤충 및 다른 벌레의 개체 수와 다양성이 모두 급격하게 붕괴하고 있음을 경고한다. 2019년에 진행된 한 연구에서는 세계 곳곳에서 곤충의 몰락을 시사하는 73가지 기록이 발표되었다고 밝힘으로써, 불안한 실태를 보여주는 결과들을 다시 한번 상기시켜주었다. 연구원들은 지난 수십 년간 40%가 넘는 곤충 종이 감소하여 멸종 위기에 처했으며, 이는 멸종 위기에 처한 척추동물 종과 비교하면 두 배가 넘는 수치라고 지적했다.[1] 연구 방법이 잘못됐다는 강력한 비난이 제기되기도 했지만, 이전에도 이와 같은 분석 결과는 꾸준히 있었는데 별로 관심을 얻지 못했을 뿐이다. 그뿐만 아니라 우리는 지금 우리가 무엇을 잃고 있는지도 제대로 파악하지 못하는 상태다. 현재까지 확인된 100만 종의 곤충 외에도, 아직 발견되지 않은 종이 400만 종 이상 존재할 것으로 예상된다. 게다가 이는 '곤충'만 따졌을 때의 이야기다. 육지나 물에 사는 다른 무척추동물 중에도 아직 발견되지 않은 동물이 수백만 종에 이른다. 우리가 파악한 종보다 그렇지 않은 종이 훨씬 더 많으며, 어쩌면 이들은 우리가 발견할 기회를 얻기도 전에 산림 벌채 등의 환경 파괴로 영원히 사라질지도 모른다.

이처럼 종의 개체 수와 다양성에 중대한 손실이 일어나는 현상은 일부 지역에 국한된 문제가 아니라 전 세계적으로 나타나는 경향이다. 자칫 이것이 세계적 규모의 멸종으로 이어질 수도 있음을 시사하는 분석 결과들이 곳곳에서 등장하고 있다.[2] 영국에서만 해도 1850년 이후로 벌과 말벌 23종이 멸종했으나, 환경 파괴의 주요 원인인 농약 사용량은 1995년부터 25년간 두 배 가까이 증가했다.[3] 2000년에 창립된 영국의 무척추동물 보호 단체인 '버그라이프'는 나비, 나방, 벌, 말벌, 쇠똥구리가 강도래, 날도래, 하루살이 등의 민물 곤충과 더불어 가장 큰 위험에 처해 있다고 지적했다. 인류가 지금 만들고 있는 것은 황량하게 고갈된 세계다. 2020년에는 코로나19 팬데믹으로 세계가 발칵 뒤집혔다. 과학자들은 이 팬데믹이 나와 내 가족을 위한 소규모 자급적 농업 대신 기업적 농업이 산업을 장악하고 산림을 무자비하게 파괴하는 등 인류가 자연을 얼마나 심각하게 훼손해왔는지를 보여주는 것이라고 경고했다.

우리는 인간이 자연보다 위에 있으며 어떤 위협이든 과학과 기술로 해결할 수 있다는 생각을 버리고, 자연과 함께, 자연 속에 어우러져 살아가야 한다. 이때 무척추동물은 좋은 본보기가 되어줄 것이다.

그렇다면 여기서 말하는 '리버깅'은 무엇을 의미할까? 내 주장의 핵심은 지구상에 존재하는 벌레의 개체 수와 다양성을 다시 회복함으로써(리버깅) 자연을 야생상태로 되돌릴 수 있으며(리와일딩), 리버깅은 단순히 어떤 장소를 대상으로 하는 활동에 그치는 것이 아니라 우리 생활 전반에서 이루어져야 한다는 것이다. 리와일딩은 최대한 야생에 가까운 상태를 추구하는 운동으로, 점점 사라지고 있는 동식물을 해당 지역에 다시 풀어놓은 후 자연이 알아서 회복하도록 맡기는 방식을 가리킨다. 리와일딩을 하면 땅을 사용하지 못한다는 부담 때문에 종종 논란이 되기도 하지만, 매우 많은 사람들이 이를 지지하고 있으며, 긍정적인 결과를 가져온 리와일딩 사례도 많이 있다. 이에 대해서는 3장에서 살펴보겠다.

그러나 내게 리버깅은 이보다 더 큰 의미를 지닌다. 리버깅이 더욱 거대한 정책 변화로까지 이어지려면 우리는 사람들과 함께 힘을 모아 시민으로서 활동할 필요가 있다. 우리가 어떻게 생활하고, 물건을 사고, 사회와 관계를 맺는지 역시 매우 중요한 사안이다. 그러므로 이 책을 통해 무척추동물에 대한 놀라운 이야기와 지식으로 사람들의 관심과 흥미를 자극함으로써, 사람들이 무척추동물 세계에 닥친 위기를 인지하고 행동할 수 있도록 돕는 게 나의 목표다. 책을 읽고 사람들이 일상에서 좀 더 많은 벌레를 발견하고 알아차릴 수 있게 된다면, 그리고 벌레들을 위해 무언가라도 해야겠다는 생각을 하게 된다면, 꽤 훌륭하게 제 역할을 한 셈이다.

지금부터 모든 사람들이 시민으로서 리버깅에 참여할 수 있는 방법이 무엇인지 차근차근 알아볼 것이다. 우리는 할 수 있다.

## '벌레'와 '리버깅'이란?

잠시 짚고 넘어가자. '벌레'라는 단어는 종종 기어다니는 작은 생물체를 가리키는 데 쓰인다. 이때 벌레는 주로 곤충 아니면 거미, 지네, 지렁이, 다리 많은 수중 생물 등과 같은 곤충이 아닌 작은 동물들을 가리킨다. 한편 과학자들이 말하는 벌레는 좀 더 구체적이다. 먹이를 뚫고 빨아 먹을 수 있는 구기를 가진 곤충인 노린재목을 뜻하며, 진딧물, 매미, 거품벌레(침을 뱉어놓은 듯한 거품을 식물 줄기에서 발견하면, 그 안에 거품벌레가 살고 있는 것을 관찰할 수 있다), 방패벌레 등이 여기에 속한다.

이 책에서는 좀 더 넓은 의미의 생물학적 정의를 사용한다. 이것이 사람들에게도 훨씬 익숙할 것이다. 여기서 말하는 벌레는 척추 또는 등골뼈가 없는 작은 생물(무척추동물)로, 절지동물(곤충, 거미류, 갑각류, 다족류)과 환형동물(지렁이, 거머리)을 가리킨다. 가끔은 민달팽이 등의 다른 분류군을 다루기도 할 텐데, 그 이유는 차차 알게 될 것이다.

## ── 벌레가 사라진다면 세상은 어떻게 될까

지난 수년간, 전 세계 미디어는 벌레가 멸종되는 상태, 이른바 '곤충겟돈Insectageddon, Insect+Armageddon(곤충 아마겟돈)'이 벌어진다면 세상이 어떻게 변할지 다루어왔다. 이들은 무척추동물, 특히 곤충이 심각한 위기에 직면했음을 보여주는 증거가 점점 더 많아지고 있다고 보도했다.

이제부터 살펴볼 내용이 어떤 이들에게는 무력감이나 공포를 안겨줄지도 모르겠다. 그러나 우리 일상에서 벌레가 얼마나 큰 부분을 차지하고 있는지, 그리고 벌레가 사라지면 세상이 어떻게 변할지를 이야기하는 것은 연구 예산 증대와 정부의 대책 마련에 꼭 필요한 영향력을 행사해왔으며, 적어도 언론이라도 대중에게 이러한 몰락이 왜 문제인지를 설명하기 시작한 것이 큰 도움이 됐기에, 이를 짚고 넘어가려 한다. 먼저, 벌레가 사라진다면 커피, 초콜릿, 과일 등 우리가 아무 생각 없이 먹어왔던 음식 중 상당수가 사라질 것이다. 우리가 좋아하는 나비도 무척추동물인데, 나비는 우리가 좋아하는 새들의 먹이이기도 하다. 따라서 벌레가 사라지면 단순히 먹거리만 사라지는 것이 아니라, 우리 삶을 풍요롭게 채워줬던 아름다움과 삶을 즐길 수 있었던 이유 또한 사라질 것이다.

무시무시한 이야기다. 하지만 혹시 과학적 증거를 미디어가 지나치게 자극적으로 보도하고 있는 것은 아닐까? 어느 정도는 그렇다. 만약 몇몇 기사에 나온 전망이 사실이라면, 그리고 그걸 막을 만한 방법이 있다면, 우리는 곧 들이닥칠 위기에 대비해서 지금 당장 식량을 비축하고, 벌을 키우고, 요새를 지어야 할지도 모른다. 그러나 아직 그 정도 단계는 아니다. 하지만 우리가 지금 당장 행동하지 않으면 점점 더 그러한 결과에 가까워질 것이다. 사람들이 무척추동물에 관심을 가지고 애정을 쏟기를 오랫동안 바라왔던 나 같은 사람들에게는 곤충 관련 이슈가 떠오르고 대중의 관심이 쏠리는 최근의 현상이 두 팔 벌려 환영할 만한 변화다. 따라서 앞으로 이 책에서는 곤충겟돈이 어떤 모습일지 묘사하고, 이런 붕괴의 신호가 이미 조금씩 나타나고 있다는 사실을 보여줄 것이다.

### '내가 죽으면 너도 죽어'

귀여운 벌이 그려진 티셔츠나 머그잔에 "내가 죽으면 너도 죽어"라는 문구가 적힌 것을 본 적이 있을 것이다. 무척추동물은 이 작은 지구에서 식물, 동물, 미생물을 한데 뭉쳐주는 접착제 같은 역할을 한다. 무척추동물이 없으면 인간도 얼마 못 가 멸종할 것이라고 해도 틀린 말이 아니다.

작은 수나 아주 작은 비율의 벌레만 사라져도 지역이 초토화될 수 있다. 벌레는 먹이사슬의 최하단에 위치한다. 따라서 벌레가 사라지면, 벌레를 먹이로 삼는 종도 사라진다. 새, 박쥐, 일부 포유동물, 물고기, 파충류, 양서류와 같이 사람들이 좋아하는, 그래서 인류의 정체성과 문화에 상당한 의미를 지닌 대형 동물들도 사라질 것이다. 우리는 상상도 못 할 충격이 물밀듯 밀려와 생태계와 풍경 전체를 변화시킬 것이다.

벌레는 영양소 순환에도 핵심적인 역할을 한다. 영양소가 제대로 순환하지 않으면 인류도 생존할 수 없다. 우리가 먹는 음식 중 상당수는 흙에서 자라는데, 이 흙을 만드는 것이 바로 지렁이, 진드기, 톡토기, 흰개미, 딱정벌레 등과 같은 벌레의 턱과 소화기관이다. 벌레가 낙엽과 동물 사체를 으깨면 그 과정에서 먼저 일부 영양소가 배출되며, 벌레가 잘게 부순 식물 잔해는 다시 균류와 미생물에 의해 분해되고 그 과정에서 당류, 질산염, 인산염 등의 영양소가 배출된다. 이 영양소는 식물이 자라는 데에 도움을 주고, 그렇게 자란 식물은 다시 인간과 동물의 먹거리가 된다.

벌레는 꽃가루를 옮기는 일도 한다. 그러니 벌레가 없으면, 바람 또는 파충류나 포유류(물론 벌레가 없으면 파충류나 포유류도 존재할 수 없지만)에 의해 수분이 이루어지는 일부 식물을 제외하고는 대부분의 식물이 수분에 어려움을 겪을 것이다. 벌보다 덩치가 훨씬 큰 파충류나 포유류가 미나리아재비나 블루벨 꽃에 앉아서 꽃가루를 옮길 수는 없는 노릇이니 말이다. 식물과 벌레가 함께 진화하며 만들어온 지금의 생태계는 엄청나게 특별하고 복잡해서 그 무엇으로도 대체하기가 어렵다. 직설적으로 말하면, 식물의 수분을 돕는 벌레나 다른 동물(다시 말하지만 이들도 결국에는 벌레가 있어야 생존할 수 있다)이 없이는 꽃을 피우는 식물의 약 90%가 멸종에 이를 것이다.[4]

그렇게 되면 우리 식탁에 올라오는 먹거리는 말할 것도 없고, 지구 전체의 생태계가 뒤흔들리고, 아름다운 빛깔을 잃어버릴 것이다.

## 로봇 벌

우리가 먹는 작물(과일이나 채소 같은 일반적인 농작물뿐만 아니라 초콜릿이나 커피 같은 현대인의 필수 식품도 포함)의 3분의 1은 무척추동물에 의해 수분이 이루어진다. 인간이나 기계가 수분하는 사례도 있긴 하다. 가령 야생벌 군집이 사라진 중국의 일부 지역 과수원에서는 일꾼들이 붓으로 꽃가루를 옮긴다. 그러나 이는 극히 일부일 뿐이며 비용도 많이 든다. 만약 모든 작물을 인간이나 기계가 수분해야 한다면, 엄청난 수의 일꾼 또는 완전히 새로운 수준의 로봇 곤충이 필요할 것이다.

작은 로봇 벌을 개발해서 그 일을 대신하게 할 수도 있겠지만, 로봇 벌은 실제 벌이나 나비, 나방만큼 뛰어나지도, 저렴하지도, 알아서 번식하지도, 환경친화적이지도 않을 것이다. 사실 일부 실험실에서는 이미 이러한 로봇이 만들어지고 있다. 하버드대학교에서 개발한 '로보비RoboBee'는 인공 수분과 구조 활동, 군사적 감시 활동을 목적으로 개발됐다. 그러나 벌 전문 학자인 데이브 굴슨Dave Goulson은 다음과 같이 지적했다.

숫자로만 따져도, 지구상에는 대략 8,000만 개의 벌집이 있으며, 각각의 벌집에는 봄부터 여름까지 약 4만 마리의 벌이 산다. 총 3조 2,000억 마리의 벌이 산다는 뜻이다. 이들은 우리가 돈을 들이지 않아도 알아서 먹고 살고, 알아서 번식하며, 심지어 꿀도 제공해준다. 이 많은 벌을 로봇으로 대체한다면 과연 그 비용은 얼마나 될까?[5]

아마 천문학적인 비용이 들 것이다. 그러나 우리는 무료로, 혹은 엄청나게 저렴한 비용으로 꿀벌 군집에 의해 이러한 혜택을 누릴 수 있다. 게다가 로봇 곤충은 환경오염 문제를 일으키고, 우리의 식품 체계에 또 다른 취약성을 가져올 수도 있다는 단점도 있다. 새나 포유동물처럼 벌을 잡아먹는 동물들이 금속 로봇을 대신 먹을 수는 없지 않겠는가?

벌이 없으면, 곤충 세계가 주는 달콤한 선물인 꿀도 더는 맛볼 수 없을 것이다. 비타민, 미네랄, 화분, 향 화합물, 심지어 항생제와 항진균제까지 포함된 꿀의 복합적인 구성 성분을 고려할 때, 합성 대체재는 절대로 꿀과 같은 맛을 낼 수 없다. 그뿐만 아니라 무척추 동물의 복잡하고도 필수적인 작업이 없으면 땅이 심각하게 황폐해질 것이기 때문에, 꿀을 대체할 정도의 당분을 생산하는 식물을 경작할 수도 없다.

지구상에서 꽃가루를 옮기는 동물은 벌 말고도 많다. 이런 무척추동물들이 줄어들면 수분하는 식물의 수가 크게 줄어 우리의 식탁 위도 한층 밋밋해질 것이다. 브로콜리, 방울양배추, 토마토, 라즈베리, 그 외에도 수없이 많은 식재료가 자취를 감출 것이다. 그리고 그동안 벌레들이 부지런히 일해서 항상 비옥하고 건강하게 유지해주었던 토양도 황폐해져서 수분이 필요 없는 식물들조차 더는 자라기 힘들어질 것이다.

진딧물 등의 해충을 매우 효율적으로 먹어 치우는 꽃등에, 무당벌레, 말벌이 사라지면, 심각한 해충 피해로 인해 작물 수확량 역시 급격히 곤두박질칠 것이다. 이 또한 우리의 먹거리에 들이닥칠 또 하나의 위험이다.

깨끗하게 살균 처리한 공장에서 흙 없이 작물을 재배하게 될 수도 있다. 그러나 모든 작물을 그렇게 키웠을 때 얻게 될 영양학적 결과는 가늠하기 어렵다. 최근 들어서야 우리는 원생동물, 바이러스, 박테리아, 균류, 벌레와 같이 흙 속에 사는 복잡한 미생물 무리가 인간의 장내 건강에 필요한 영양소를 제공하는 데에 얼마나 핵심적인 역할을 하는지를 깨닫기 시작했다. 인간이 생존하려면 당류부터 미량 무기질에 이르는 다양한 영양소를 교환하고, 전달하고, 혼합하는 시스템이 제대로 작동해야 하는데, 이러한 영양소 순환을 책임지는 것이 바로 식물과 미생물의 복합적인 관계다. 이처럼 수많은 연

결고리로 다이내믹하고 복잡하게 얽혀 있는 관계망을 실험실에서
재창조하기란 사실상 불가능하다.


## ─── 달라진 풍경

벌레가 사라지면 세계의 풍경 또한 달라질 것이다. 벌이 붕붕대는
아름다운 목초지는 희미한 추억이 되고, 과거에는 세상이 이렇게 다
채롭고 생기 넘치는 색과 소리와 향기로 가득했다는 것을 영상으로
만 볼 수 있을 것이다. 거리를 걸어도 더는 꽃과 나무가 우리를 반겨
주지 않으며, 더운 날에 시원한 그늘을 드리워주지도 않을 것이다.
대신 쓰레기와 배설물을 청소하고 분해해주던 무척추동물이 사라
짐에 따라 점점 더 거대해지는 쓰레기 언덕 사이를 걷게 될지도 모
른다.

　하수처리장에서 오염물질을 여과하고, 분해하고, 또 독소를 중
화하는 데에도 벌레의 도움이 필요하다는 것을 알면 아마 깜짝 놀랄
것이다. 벌레가 없으면 물을 정화하는 일도 화학물질에만 의지해야
할 텐데, 그 과정에서 우리 몸을 전혀 해치지 않을 수 있을지에 대해
나는 몹시 회의적이다.

　사람들은 우리 삶이, 심지어 피부조차도 무척추동물과 긴밀하

게 얽혀 있다는 사실을 쉽게 간과한다. 침대에서 잠을 자고, 옷을 입고, 깨끗한 물을 마시고, 몸을 씻는 것을 너무나도 당연하게 여긴다. 그러나 양들이 먹는 잔디를 자라게 하고, 목화를 번성하게 하는 무척추동물이 없다면, 우리는 무엇을 입어야 할까? 양모와 가죽과 면이 없으니 합성 섬유로 만든 옷만 입을 수 있을 것이다. 그러면 미세 플라스틱에 해당하는 마이크로파이버(초미세 섬유 입자) 때문에 강과 바다가 돌이킬 수 없을 만큼 오염되기까지는 과연 얼마나 걸릴까?

마지막으로, 오늘 하루를 더듬어보자. 혹시 나무 의자나 나무 식탁에 앉아서 밥을 먹고, 나무로 만든 바닥재가 깔린 집에서 생활하지는 않았는가? 벌레가 없는 토양에서는 나무가 무럭무럭 자랄 수 없으므로, 가구, 건물, 심지어 종이를 만들 목재를 구하기도 어려워질 것이다. 플라스틱이나 금속, 또는 콘크리트로 만든 소파에서 쉬고 싶은 사람이 과연 있을까? 하루 동안 단 하나라도 나무 제품을 썼다면, 그것의 재료가 된 나무 역시, 영양소를 얻기 위해서든, 수분을 위해서든, 씨를 널리 퍼뜨리기 위해서든, 또는 그 씨를 퍼뜨려줄 새의 먹이로서든, 벌레가 꼭 필요하다.

지금까지 내가 묘사한 세계는 매우 암울하다. 그러나 이 세상이 진짜로 그렇게 되리라고 생각하지는 않는다. 과거에도 우리는 벼랑 끝까지 몰렸다가 다시 한 발짝 뒤로 물러난 경험이 있다. 1962년 레이첼 카슨이 쓴 《침묵의 봄》은 20세기 환경문제에 아주 중대한 영향을 미친 책으로 널리 인정받고 있다. 과학자이자 작가인 카슨은 해충을 통제하기 위한 화학물질, 즉 살충제의 무분별한 사용이 얼마나 무시무시한 결과를 가져올 수 있는지 세심하고도 열정적으로 풀어냈다. 다행히 당시 세계는 그녀의 목소리를 무시하지 않았다. 그녀가 제시한 증거는 강력하고 명쾌했으며, 그녀의 제안은 면밀했다. 기업들의 거센 저항에도 불구하고 정부는 몇 가지 중대한 법률을 제정 및 수정하고, 새로운 단체를 설립했으며, 마침내 가장 유독한 물질인 유기염소계 살충제의 사용을 금지하기에 이르렀다.

그러나 거의 60년이 지난 지금, 다시 한번 여기저기서 경고음이 울리기 시작했다. 문제는 이전보다 더욱 심각해졌다. 무척추동물에게도 마음껏 번성할 권리가 있다. 행여 그 권리를 인정하고 싶지 않더라도 인간의 삶과 생존에 있어서 벌레가 얼마나 필수적인지를 고려한다면, 이제는 행동해야 할 때다.

## 벌레가 사라지는 주요 원인은 무엇일까?

전 세계적으로 무척추동물의 개체 수와 다양성에 빨간불이 들어오게 된 이유는 단순하지 않다. 예를 들어 북아메리카에서 벌 군집이 대량으로 감소한 이유를 알아내기 위해 지금까지 상당한 비용을 투자했지만, 아직도 그 이유를 확실히 밝히지는 못했다. 그러나 장기 연구 결과와 여러 증거를 통해 파악한 바에 의하면, 다음 요소가 원인일 수 있다.

· 기업적 농업, 축산업, 광업과 도시 개발: 무척추동물이 먹이를 찾고, 짝짓기하고, 알을 낳고, 서식할 수 있는 터전이 파괴되었고, 자연 통로를 제거(또는 도로나 개발 지구와 같은 장벽을 건설)함으로써 무척추동물이 이동하고, 군집하고, 번식하기가 어려워졌다.
· 합성 농약과 비료로 인한 대기, 토양, 수질오염.
· 생물학적 요인: 새로운 질병이나 종이 들어와서 기존 생태계의 균형을 무너뜨리는 경우 등.
· 기후변화: 기온 변화, 극단적인 기상 상태 등.
· 광공해 및 소음공해(그 밖에도 5G와 무선 신호가 벌에게 혼선을 줄 수도 있다).[6]
· 벌레들이 미세플라스틱을 먹고 피해를 입은 경우.

## ─── 리버깅이라는 숙제

이 정도면 내가 전하려는 바는 충분히 전달됐을 것 같다. 무척추동물이 사라진 세계를 그리는 것은 이쯤에서 그만두고, 이제는 우리 삶에 다시 벌레를 되돌려놓는 일이 어떻게 자연과의 관계를 새롭게 하는지, 그리고 그것이 왜 그토록 멋진 발상인지를 이야기하려 한다.

이 책은 어떻게 하면 이 행성을 리버깅할 수 있는지, 그리고 그러한 변화를 작게나마 일으키려면 무엇을 어떻게 해야 하는지를 다룬다. 리버깅은 진공청소기를 거꾸로 작동시키는 것과 같이, 우리가 너무도 오랫동안 빨아들인 것들을 다시 뱉어내는 작업이 될 것이다. 작지만 없어서는 안 될 소중한 생태계의 일부를 초록빛 들판은 물론, 회색빛 도시에도 다시 흩뿌려놓는 것, 그것이 우리가 해야 할 일이다.

## 변화는 모든 곳에서 이루어져야 한다

오랫동안 이 일을 하면서 내가 느낀 한 가지 냉혹한 사실은, 인류가 지구상의 모든 생명체와 조화롭게 살아가려면 사회의 일부가 아닌 시스템 전체를 바꿔야 한다는 것이다. 무척추동물을 위해서 우리는 변두리만 건드릴 것이 아니라, 그들을 위한 서식지 전체를 보호해야 한다. 제일 위험한 화학물질만 금지하고는 다른 유독한 농약은 계속해서 뿌려댈 것이 아니라, 자연 친화적인 도구와 지식을 활용하여 해충을 통제하는 방향으로 나아가야 한다. 멸종 위기에 처한 희귀종의 서식지를 보호하는 캠페인도 물론 의미 있지만, 그것만으로는 턱없이 부족하다. 모든 부분이 달라져야 한다. 리와일딩 운동이 이러한 필요성을 강력히 주장하는 하나의 표현이긴 하지만, 중요한 것은 그것이 모든 땅에서, 모든 곳에서 이루어져야 한다는 점이다. 자연이 스스로를 그리고 우리를 다각도에서 회복하고, 우리가 자연과의 관계를 재정립할 때, 우리가 의존하고 있는 자연의 생태계도 무너지지 않을 수 있다.

## 바다에 사는 유일한 곤충

게, 해삼, 오징어 등 수많은 무척추동물이 바다에 살지만, 바다가 집인 곤충은 단 하나, 바다소금쟁이뿐이다. 이 육식 곤충은 물 위를 다니면서 동물성 플랑크톤, 물고기 알, 유충, 죽은 해파리 등을 먹으며, 반대로 바닷새나 수면에서 먹이를 찾는 물고기의 먹이가 된다.

1장과 2장에서는 먼저 벌레에 대한 우리의 삶과 자세를 돌아본다. 우리는 벌레를 같은 행성을 공유하는 이웃 거주민으로서 여기는 것에서 더 나아가, 벌레가 이 지구를 우리가 살기 좋은 환경으로 가꿔주는 것에 고마운 마음을 갖고, 벌레를 대하는 태도를 바꿔야 한다. 효율적으로 리버깅하려면 벌레와의 관계를 다시 평가하여 개인적인 행동은 물론 정책 차원에서도 근본적인 변화를 끌어내는 것이 필요하다. 벌레들도 이 행성의 시민이며, 인간이나 다른 동물과 마찬가지로 이곳에서 살고 번성할 권리가 있다. 우리는 이 사실을 받아들여야 한다.

3장에서는 생태계 내에서 벌레들이 어떤 위치에 있는지를 살펴본다. 벌레들이 리와일딩에서 핵심적인 역할을 하는 이유와 자연을 회복하려는 노력에 벌레가 반드시 포함되어야 하는 이유를 알아본다. 4장은 우리 주변에서 리버깅을 실천하는 방법을 다루며, 5장과 6장에서는 환경적 변화가 벌레들의 생태에 미치는 영향을 살펴보고, 우리의 음식, 쇼핑 습관, 농업 방식 등을 재검토할 필요가 있음을 이해한다.

코로나19 팬데믹이 전 세계를 공포로 몰아넣으면서, 이제야 우리는 지금까지 땅을 이용해온 방식, 물건을 마음대로 소비하고 버리는 습관, 숲과 숲에 사는 생명체들을 대하는 태도 등을 다시 돌아보기 시작했다. 수년간 과학자들은 인간이 계속해서 숲을 파괴하고, 농장이나 인프라를 짓느라 더 많은 야생 공간을 침범하고, 그 결과 야생동물의 개체 수가 급격히 줄어들다 보면, 팬데믹의 발생 위험이 커질 것이라고 지적해왔다. 당연한 이야기지만 이 문제는 이전보다 훨씬 더 집중적으로 연구되고 있다.

리버깅은 결국 사회 전체의 관심과 변화가 있어야 성공할 수 있다. 정치, 경제 분야의 구조적인 변화가 요구되는 일이므로, 7장에서는 시스템 차원의 과제와 해결책을 검토한다. 권력과 불평등 이슈는 리와일딩과는 전혀 상관없는 주제처럼 느껴지지만, 사실은 대단히 깊은 연관이 있다. 끝으로 8장에서는 벌레가 되돌아온 세계는 어떤 모습일지 그려보며, 리버깅이라는 위대한 과업에 참여하는 데에 도움이 될 만한 정보를 소개한다.

책의 곳곳에 리버깅 팁을 실어놓았다. 그중에는 노력과 정성이 필요한 활동도 있지만, 쉽게 따라 할 수 있는 간단한 것도 많다. 아무리 바쁘고 시간이 부족할지라도 우리가 할 수 있는 무언가가 있다는 말이다. 매일 또는 매달 사소한 한 가지만 실천해도 좋다. 때로는 이런 실천이 시간과 돈을 절약해주기도 한다.

무척추동물의 생에서 인간은 그저 크고 귀찮으며 가끔 도움이 되는 존재일 뿐이지만, 우리에겐 사실 그들을 도울 만한 능력이 있다. 그리고 그렇게 할 때 그들 역시 이 지구를 좀 더 살기 좋은 환경으로 가꿔줌으로써 우리의 도움에 보답할 것이다.

## Chapter 1

# 벌레를 대하는
# 우리의 자세

먼저 우리 자신부터 되돌아보자. 우리는 무척추동물들을 좀 더 사랑하고, 그들의 중요성과 가치를 알고 고맙게 여길 필요가 있다. 지금까지 털이 복슬복슬한 대형 포유동물이나 고래 및 돌고래와 달리, 딱정벌레, 개미, 나방, 지렁이 등 무척추동물에 관한 관심은 비교적 크지 않았다. 심지어 오늘날에도 무척추동물을 이해하는 데 여러 제한이 있어 그들이 생태계 내에서 어떤 역할을 하는지, 거기에 우리가 어떤 식으로 의존하고 있는지, 그리고 무척추동물의 쇠퇴로 우리가 무엇을 잃게 될 것인지를 속속들이 알지는 못한다. 벌레를 대상으로 한 연구 역시 무척추동물이 우리에게 가져다주는 이익을 파악하고 그것을 지키는 방향보다는, 논밭이나 집 안의 해충 문제를 해결할 화학물질 등의 수단을 알아내려는 목적으로 진행됐다. 그러다 보니 지구상에 어떤 벌레들이 살고 있고 또 사라지고 있는지를 파악하는 아주 기본적인 개체군 조사조차 거의 이루어지지 않았다. 사람들이 호랑이나 판다 같은 거대 동물을 더 좋아하기 때문인지, 곤충의 다양성을 연구하는 일은 그 중요성에 비해 너무나도 오랫동안 무시되어 왔다. 그러나 다행히도 무척추동물에 대한 사람들의 관심이 서서히 증가함에 따라 이 같은 경향에도 변화가 찾아왔다.

2020년, 세계 여러 나라에서 과학자 30명이 모여서 곤충 개체 수의 세계적인 감소 추세에 깊은 우려를 표하며, 이를 되돌리려고 노력해야 함은 물론, 인류의 안녕을 위해 곤충이 맡은 역할과 그 가치를 이해하는 데에 사회적 차원의 개입이 필요하다고 주장했다.[1] 그들은 곤충의 개체 수 감소 경향을 뒤집으려면 곤충에 대한 사람들의 관심과 애정을 끌어내야 한다는 사실을 정확히 인지하고 있었다.


## ─── 벌레도 시민으로 인정하다

코스타리카의 수도 산호세 근처 한 도시에서는 2014년에 야생동식물을 보호하고 생태계를 회복하기 위한 매우 특별한 움직임이 일어났다.[2] 쿠리다바트라는 이름의 이 도시는 원래 인구가 밀집된 시가지로, 코스타리카 하면 떠오르는 우거진 숲과 다양한 생물이 사는 아름다운 자연경관과는 거리가 멀었다.

그러나 당시 쿠리다바트의 시장이었던 에드가 모라 알타미라노Edgar Mora Altamirano는 꽃가루 매개자Pollinator와 나무, 야생식물도 시민으로 인정하고, 도시 전체를 인간뿐만 아니라 야생동식물을 위한 안식처로 가꾸겠다고 발표했다. 도시와 자연을 연결하려는 이 계획의 진척 사항을 확인하기 위해 식물과 새 그리고 무척추동물의 종의 다양성을 조사하기도 했다. 에드가 모라는 영국의 일간지《가디언》과의 인터뷰에서 "꽃가루 매개자가 핵심"이라고 강조하면서 "꽃가루 매개자는 자연 세계에서 일어나는 생식 활동의 상당 부분을 보조하면서도 아무런 대가를 요구하지 않습니다. 모든 동네를 생태계로, 모든 거리를 생태계의 통로로 바꾸려는 우리의 계획에 그들과의 관계가 필수적입니다"라고 설명했다.[3] 프로젝트를 담당하는 팀 '시우다드 둘세Ciudad Dulce(달콤한 도시라는 뜻)'는 곤충 친화적인 정원 설계, 혁신적인 수도 및 오수 관리 계획에서부터 지역 주민들을 교육·훈련하는 일까지 여러 활동을 수행했다. 이 프로젝트는 주민과 자연을 연결하여 진정한 의미의 '살아 있는 생태계 통로'를 만들어낸 이례적인 노력으로 다양한 상을 받기도 했다.[4]

이 외에도 무척추동물을 환영하는 유사한 도시 계획이 여럿 있다. 웨일스에 있는 도시 몬머스는 '자연은 원래 단정하지 않다'는 이름의 프로그램을 시행하여 영국 최초의 '벌 마을'로 불렸다. 몬머스에서는 길가, 공원, 정원의 야생화를 지키고, 해로운 살충제를 지양하여 곤충 수를 늘리려는 노력이 이뤄졌다.[5] 미국에서도 이 같은 움직임이 일어나면서, 곤충들에게 살충제 없는 주거환경과 야생식물을 제공하려는 도시가 점점 늘어나고 있다.

지구상의 모든 도시와 마을과 동네가 무척추동물이 주는 기쁨과 그 가치를 이해하는 방향으로 변화해간다고 상상해보라. 이처럼 멋지고 훌륭한 도시 생태계 회복 사례는 전 세계가 보고 본받아야 한다.

## ── 아이들은 벌레를 사랑한다

내가 좋아하는 기억 중 하나는 이제 막 아장아장 걷기 시작한 막내아들이 그 작고 오동통한 손을 펼쳐서 내게 흙이 묻은 채로 꼬물대는 작은 벌레를 보여주었던 일이다. 그때, 아이의 얼굴은 자랑스러움과 흥분으로 빛나고 있었다. 아이는 아마도 정원에서 흙을 파고 놀다가 무언가 꿈틀거리고 신기하게 생긴 것을 발견하고는 그게 멋지다고 생각한 것 같았다. 아이는 이후로도 계속 벌레를 좋아했다.

가족끼리 스위스에 등산하러 갔을 때는 손바닥 가득 귀뚜라미를 잡아 왔고, 뭐든지 시큰둥해하는 10대가 됐을 때도 욕조에서 구조한 거미를 조심스레 잡느라 팔꿈치로 뒷문을 밀고 나가는 모습을 본 적이 있다. 아이는 생활 속에서 자연스럽게 곤충과 벌레를 받아들였다.

아이들은 왜 벌레를 사랑할까? 이 작은 행성에서 함께 살아가는 동료 거주자로서 곤충들이 우리에게 얼마나 중요한 존재인지 아는 것일까? 그렇지는 않을 것이다. 나는 그것이 작고 신기한 벌레들의 생김새를 볼 때 생기는 순수한 호기심과 그들의 두려움 없는 마음(매우 소중한 것이지만 안타깝게도 어른이 될수록 대부분 잃어가는 마음)이 합쳐져서 나타나는 것이 아닐까 생각한다.

물론 아이가 흙 속에서 꿈틀대는 벌레를 보여줬을 때 엄마가 어떻게 반응하는지도 중요하다. 아이들은 쉽게 외부의 영향을 받기 때문에, 엄마의 반응에 따라 계속해서 곤충에 애정과 매력을 느낄 수도 있고, 아니면 정반대로 두려움과 혐오를 느낄 수도 있다. 나는 아이와 같이 신나고 설레했다. 나는 원래도 벌레를 좋아하는 사람이긴 하다. 그러나 그렇다고 해서 벌레가 얼마나 가치 있는 존재인지 늘어놓으면서 아이를 지루하게 하지도 않았다. 그런 따분한 설명으로 작은 생명체에 대한 아이의 순수한 호기심을 망치고 싶지 않았기 때문이다. 벌레들이 지금 어떤 위험에 처해있는지, 사람들이 얼마나 나쁘게 행동하고 있는지 한탄하지도 않았다. 어린아이들에게는 그저 발견, 놀이, 경험이면 충분하다. 우리가 해야 할 일은 아이들에게 자연을 접할 기회를 충분히 주는 것, 그리고 일상 속에서 가능한 한 많은 벌레를 만나도록 도와주는 것이다.

## 집에서 대벌레 키우기

대벌레를 반려동물처럼 집에서 키우는 것은 꽤 유익한 경험이 될 수 있다. 평이 좋은 브리더breeder(사육사)에게 대벌레를 구매한 후, 숨구

멍이 뚫린 커다란 플라스틱 통에 넣어서 키우면 된다. 특히 집에 정원이 없는 사람들에게 유용한 방법이다. 대벌레는 아이들이 곤충 행동을 관찰하기에도 매우 좋으며, 풀을 먹고 살기 때문에 정원이나 공원에서 검은딸기나무, 아이비 등과 같은 먹이를 구하기도 쉽다. 대벌레는 짝짓기 없이도 번식할 수 있어서(수컷이 드물다) 조금만 지나면 개체 수가 잔뜩 증가하는데, 그 경우 주변에 나눠 줘도 좋고, 만약 여의치 않으면 얼려서 죽이면 안전하게 처리할 수 있다. 나는 흔한 인도 대벌레인 갈레리우스 모로수스Carausius morosus를 키웠으나 종류는 다양하니 원하는 대로 선택하면 된다. 대벌레 키우기에 관해 조언이 필요하면 영국의 동물학대방지협회(rspca.org.uk)와 같은 동물 복지 단체의 도움을 받을 수 있다.

대벌레

그러나 아이들의 이러한 호기심은 대개 시간이 지나면서 두려움과 혐오로 변해간다. 벌레를 대하는 '어른'들의 태도가 아이들의 생각에 영향을 주어, 다음과 같이 부정적인 인상을 형성하기 때문이다.

- ‣ 말벌은 쏜다.
- ‣ 벌은 더 많이 쏜다.
- ‣ 거미는 문다.
- ‣ 파리는 질병을 퍼뜨린다.
- ‣ 민달팽이는 꽃을 먹어 치운다.
- ‣ 개미는 문다.
- ‣ 메뚜기는 작물을 망가뜨린다.
- ‣ 집게벌레는 사람의 귓속으로 들어간다.

이 같은 주입식 훈련은 꽤 어릴 때부터 시작되어, 결국에는 많은 아이들이 '두려움'을 느끼기 시작한다. 벌레가 자신을 해치거나 위험한 질병을 옮길 것이라는 생각에 벌레를 싫어하게 되고, 한때는 매력을 느꼈던 존재임에도 관심과 흥미를 잃어버린다. 그리고 이제는 주변에서 벌레를 접할 기회조차 줄어들었다. 안타까운 상황이다. 하지만 되돌릴 수 있는 방법은 있다. 과학자들이 제시했듯이, 벌레에 대한 대중의 인식은 사회 시스템과 정책의 변화를 이끌어내는 데에 핵심적인 역할을 한다.

부모 또는 아이들을 돌보는 사람들 모두가 벌레를 귀엽게 생각하지는 않더라도, 적어도 벌레의 중요성을 알고 있다면 어떨까? 이전과는 다르게 긍정적인 이미지를 아이들에게 전달할 수 있다면? 세상 모든 사람이 벌레의 아름다움과 특별함을 사랑할 수는 없겠지만, 다음과 같이 벌레가 우리에게 선사하는 멋진 선물에 고마움을 느끼는 것은 얼마든지 가능하다.

▸ 말벌은 해충을 통제하고, 식물의 수분을 매개한다.

▸ 벌은 작물의 수분을 매개하고, 꿀을 만든다.

▸ 거미는 파리를 잡는다.

▸ 파리는 오물을 먹어 치우고, 작물의 수분을 매개한다.

▸ 민달팽이는 흙을 만든다.

▸ 개미는 토양의 공기를 순환시켜 주고, 찌꺼기 등을 치운다.

▸ 메뚜기는 중요한 단백질 자원이며, 세계의 약 20억 인구가 곤충을 먹는다.

▸ 집게벌레는 과일의 수분을 매개한다.

그 밖에도 벌레가 하는 일은 아주 많다. 벌레가 얼마나 소중한 존재인지 생각하면서 화단 가꾸기, 벌레 보물찾기 등과 같은 리버킹 활동을 하면 아이들의 학습에도 도움이 될 뿐만 아니라, 자연과 더 깊이 상호작용하고 자연이 주는 즐거움을 느낄 수 있다. TV나 동물원에서만 볼 수 있는 대형 동물보다는 실생활에서 이런 작은 동물들을 관찰하기가 더 쉽기도 하다. 벌레는 언제나 우리 주변에 존재하며, 여러 의미에서 우리 일상으로 '기어 들어오기' 때문이다.

### 벌레 보물찾기

정원이나 공원 또는 식물이 있는 곳이라면 어디에서든지 벌레 보물찾기를 즐길 수 있다. 서식지별로 다른 벌레를 찾거나, 시각적인 힌트를 준비해도 좋고, 벌레를 찾을 때마다 그림을 그리거나 인증샷을 찍는 등의 미션을 줘도 좋다. 벌레 보물찾기를 통해 아이들은 벌레와 더욱 가까워질 것이다. 예를 들면 나뭇잎에서 잎나방벌레가 구불구불 지나간 흔적을 찾거나, 식물 위에서 바쁘게 진딧물을 돌보는 개미, 혹벌이 나뭇가지에 만들어놓은 혹, 잔디밭 사이에 있는 지렁이 똥을 찾아볼 수 있다.

## ─ 언어, 예술, 문화 속의 벌레들

벌레는 헤아릴 수 없이 많은 방법으로 인류의 언어와 문화에 공헌해왔다. 곤충이 등장하는 말장난, 속담, 시가 없으면 우리가 쓰는 표현이 얼마나 제한적일까? 우리는 '부지런한 일꾼busy bee(바쁜 벌)'이며, '빈둥거려서는drone(수컷 벌)' 안 된다. 드론 기계가 점점 더 많은 일에 널리 사용되는 지금은 드론이라는 단어가 여왕벌과 짝짓기 하는 것 외에는 아무 일도 하지 않는 수컷 벌이라는 말에서 유래했다는 사실이 의아하다.

위대한 권투선수 무하마드 알리는 경기에서 이기기 위해 "나비처럼 날아서 벌처럼 쏜다"고 말했는데, 이는 곤충을 활용한 직유법 중에서도 '최고bee's knee(벌의 무릎)'다. 우리는 점점 더 많이 '군중 의식hive mind(벌 떼 의식)'을 이야기하고, '세계적인 통신망worldwide web(세계적인 규모의 거미줄)'을 통해 서핑하는 것을 즐기지만, IT 시스템에 '버그bug(벌레)'가 '생기는 것worms its way(벌레가 교묘하게 파고들다)'은 싫어한다.

우리는 '불길에 이끌리는 나방like moths to a flame'처럼 비스킷 통 주변을 맴돌고, 나한테 나쁘게 대하는 사람을 '비열한 놈louse(이)'이라고 부른다. 애벌레가 성충이 되는 과정을 가리키는 단어인 '변태metamorphosis'는 카프카의 《변신Metamorphosis》을 비롯한 여러 문학작품에서 아이가 어른이 되는 것을 묘사하는 비유로 쓰였다. 기원후 8년경 로마의 시인 오비디우스가 기록한 15권에 이르는 서사문학의 이름 또한 《변신 이야기Metamorphoses》다. 그러나 곤충과 관련된 단어 중에는 경멸조로 쓰이는 것도 많은데, 예를 들어 '벌 떼swarming'와 '바퀴벌레들cockroaches'은 전근대적이고 개탄스러운 표현이기는 하지만, 이주자와 난민을 비하하는 뜻으로 쓰이곤 했었다.

위대한 문장가인 셰익스피어는 무척추동물의 역할을 잘 이해한 듯하다. 《자에는 자로》 3막 2장의 딱정벌레, 《햄릿》 2막 2장의 구더기, 《오셀로》 3막 4장의 누에고치, 《사랑의 헛수고》 5막 2장의 파리 변태 등과 같이 셰익스피어는 자신의 작품에 무척추동물을 많이 등장시켰다. 우리가 이 세계를 리버깅하면, 우리의 말이나 문학 속에 등장하는 벌레와 관련된 표현도 긍정적인 의미를 담게 되지 않을까 기대해본다.

## ── 가까이에서 보면 더 아름다운

물속을 헤엄치는 아주 작은 담륜충부터 진흙 속을 파고드는 커다란 갯지렁이까지, 무척추동물은 대부분 특별한 아름다움을 지니고 있다. 무척추동물의 독특한 형태와 구조는 기능적으로 적응하기 위해

변화한 것인데, 그 모양과 색깔과 질감의 다채로움은 척추동물이나 식물이 감히 따라갈 바가 못 된다. 이것은 매우 아름다운 나비, 벌, 잠자리뿐만 아니라, 각도에 따라 여러 빛깔을 내는 쇠똥구리의 날개, 다양한 색채를 띤 갯민숭달팽이(바다 민달팽이) 같은 동물에게도 적용되는 사실이다. 심지어 파리까지도 가까이에서 들여다보면 놀랍도록 아름답다.

그래서인지 무척추동물에 매력을 느낀 예술가들이 많다. 그들은 정교하게 짜인 거미줄과 누에고치, 진흙으로 만든 흰개미 언덕, 종잇장처럼 얇은 벌집 등 무척추동물이 만든 것에서도 영감을 얻곤 했다. 스페인 비코르프 지역에 있는 쿠에바스 드 라 아라냐Cuevas de la Araña 동굴에는 약 1만 년 전, 꿀을 모으는 사람 주변에 벌이 날아다니는 모습을 그린 벽화가 있다. 고대 이집트 무덤의 벽에도 딱정벌레와 나비 그림이 남아 있으며, 레오나르도 다빈치의 스케치북에서도 곤충 형상을 딴 스케치가 발견됐다. 다빈치는 아마도 좀 더 과학적인 해답을 탐구했던 것 같지만(가령 잠자리를 보고 하늘을 나는 법을 연구하는 등) 어쨌든 그가 곤충의 아름다움을 인지했던 것만큼은 분명히 알 수 있다.

곤충의 놀라운 구조와 능력은 종종 과학과 예술의 경계를 모호하게 한다. 1665년 로버트 훅Robert Hooke은 저서 《마이크로그라피아 Micrographia》에서 여러 정밀한 관찰 내용을 기록했는데, 그중에서도 특히 무척추동물의 형태학을 매우 세세하게 밝혀서 대중을 깜짝 놀라게 했다. 혹은 최초의 정밀 현미경으로 곤충의 구조, 구기, 외피를 엄청나게 자세히 관찰하고 그렸다. 그의 책은 베스트셀러가 되었으며, 《일기》의 저자이자 영국의 행정가였던 사무엘 피프스는 이 책을 "살면서 읽어본 것 중에 가장 기발하고 독창적인 책"이라고 평했다.

사진이 발명되기 전, 예술가들은 자연 속 무척추동물의 모습을 그림으로 담았다. 이는 아름다운 작품인 동시에 과학자와 대중이 자연과 생태계를 더 잘 이해하도록 돕는 중요한 도구이기도 했다. 20세기와 21세기에 수많은 예술가가 무척추동물을 뮤즈로 삼았던 것처럼, 지금 우리는 핸드폰 카메라로 언제든지 곤충의 아름다움을 찍을 수 있게 됐다. 영국의 사진작가 르본 비스Levon Biss는 곤충 사진의 세계를 완전히 새로운 차원으로 이끌었다. 그는 매우 얇은 피사계 심도를 활용해서 딱정벌레의 날개나 파리 더듬이의 세밀한 모습과 정교한 아름다움을 드러내는 등 4주에 걸쳐 곤충의 이미지를 매우 자세하게 담아냈다. 2017년에 출간된 그의 작품집 《세밀한 조소: 곤충의 초상Microsculpture: Portraits of Insects》은 그야말로 경이로움 그 자체다.

## ── 벌레에게 배울 수 있는 것들

무척추동물은 그 수와 종류가 매우 많으며 지구상의 거의 모든 곳에 서식한다. 그들은 바다의 해면동물에서 출발해서 6억 5,000만 년이 넘도록 지구에서 생존하고 진화해왔다. 인간이 지구 무대에 등장한 지 겨우 20만 년밖에 되지 않았다는 점을 생각하면 엄청나게 긴 시간이다. 오랜 기간 동안 적응 과정을 거친 무척추동물은 지구상의 거의 모든 곳에서 살 수 있게 됐다.

무척추동물의 형태와 기능은 그들을 둘러싼 생물학적, 화학적, 물리적 세계와 밀접한 관계를 맺으며 변화해왔다. 땅속 생활에 완벽하게 적응한 지렁이는 매끈한 몸을 이용해서 효율적으로 땅을 파고, 몸마디(체절)마다 난 짧고 뻣뻣한 털(강모)로 흙을 밀어내며 빠르게 이동할 수 있다. 박각시나방의 긴 대롱 같은 혀는 다른 곤충들은 닿을 수 없는 꽃의 깊숙한 부분까지 닿을 수 있다. 이처럼 무척추동물이 어떻게 환경과 어울려서 살아가는지 들여다보면 가치 있는 교훈을 얻을 수 있다.

### 벌레가 우리에게 가르쳐준 지혜

지난 수백 년간 인간은 벌레에서 얻은 지혜를 우리 삶에 적용해왔다. 다음 사례를 살펴보자.

- 나노 섬유로 만들어진 거미줄은 합금강에 견줄 수 있을 정도로 인장 강도가 뛰어나서 쉽게 끊어지지 않고 매우 길게 늘어난다. 이 같은 특성을 활용하여 매우 작은 단위에서 기능하는 새로운 '나노' 소재를 개발하고 있다.[6]
- '철갑 딱정벌레diabolical ironclad beetle'라는 멋진 이름의 딱정벌레는 복잡한 층으로 이루어진 단단한 외피로 둘러싸여 있는데, 날개를 보호하는 이 외피는 부수는 게 거의 불가능할 정도로 강하다. 이는 가벼우면서도 강도가 높은 구조물을 개발하는 데 큰 도움이 되고 있다.[7]
- 개미나 흰개미와 같은 사회성 곤충은 화학물질, 전기, 소리, 시각적 신호 등 복잡한 의사소통 방식을 활용하여 조직을 이룬다. 현재 컴퓨터 학습computer learning 개발에 쓰이는 '개미군집최적화ACO, ant colony optimization' 알고리즘은 실제로 개미가 페로몬이라는 화학물질로 다른 개미들을 안내하는 행동에서 영감을 받아 만들어진 것이다. 꿀벌이 먹이를 찾을 때 의사소통하는 방식에서 따온 알고리즘도 존재한다.
- 흰개미집은 규모도 매우 크고(흰개미 한 마리의 2,000배에 달하는 크기), 열교환이 정밀하게 이루어지도록 설계되어 있다. 많은 엔지니

어들이 이러한 흰개미의 건축 기술과 그 독창성으로부터 설계 및 건축에 대한 통찰력을 얻었다.

• 개미나 흰개미와 같은 사회성 곤충들이 이루는 복잡한 조직은 어떤 측면에서는 인간 사회와도 비슷하다. 이러한 곤충의 군집 지능과 자기 조직화를 이해하기 위한 연구가 활발히 진행되고 있다. 이를 통해 우리가 어떻게 하면 더 잘 소통하고, 피드백을 주고받고, 노동과 책임감을 공유할 수 있는지를 배울 수 있을 것이다. 실제로 이러한 연구에서 얻은 몇 가지 아이디어를 산업에 성공적으로 적용한 사례가 있다. 작업 흐름 최적화, 웹서버에 공간 할당하기, '버킷 브리게이드bucket brigade' 방식의 작업자 배치(제자리에서 서서 옆 사람에게 물건을 전달하여 나르는 방식) 등이 그 예다.

• 꽃등에는 비행 솜씨가 매우 뛰어나서 전후좌우, 위아래로 나는 것은 물론 공중 정지도 가능하다. 르네상스 시대의 위대한 예술가이자 발명가인 레오나르도 다빈치는 하늘을 나는 기계를 만들기 위해서 새뿐만 아니라 곤충도 관찰했는데, 오늘날에도 마찬가지로 엔지니어들이 이러한 연구를 계속하고 있다.[8]
또 다른 비행 전문가인 파리는 다가오는 물체 등의 시각적 신호를 구별하고, 고도로 세밀화된 몸동작과 능숙한 날개 움직임을 이용해서 비행을 하고, 거꾸로 착륙할 수도 있으며, 매우 재빠르게 움직인다. 연구원들은 드론 기계가 파리의 움직임을 학습할 수 있도록

알고리즘 등의 소프트웨어를 개발하고 있다.[9]

· 개미는 먹이를 구할 때 기억력, 의사소통, 물리적 도구를 이용해서 자기가 개미집을 기준으로 어디에 있는지를 파악한다. 이러한 그들 고유의 위성항법을 이용하면 아무리 멀리 이동해도, 비슷하게 생긴 지형이나 뒤죽박죽된 어수선한 환경에 있더라도 얼마든지 길을 찾을 수 있다. 최근에는 개미 군집 네트워크와 인간이 설계한 시스템 사이에서 유용한 유사점이 확인됐는데, 그중 한 예가 '안터넷anternet'이다. 스탠퍼드대학교 연구원들은 사막개미가 먹이를 찾을 때 사용하는 알고리즘 또는 규칙이 인터넷에서 데이터 트래픽을 조절하는 데에 쓰이는 전송 제어 프로토콜TCP, Transmission Control

Protocol과 흡사하다는 사실을 발견했다. 현재 연구원들은 개미가 수백만 년에 걸쳐 발달시켜온 이러한 시스템이 인간의 도구를 개발하는 데에도 매우 유용할 것으로 보고 있다.[10]

야행성인 아프리카 쇠똥구리Scarabaeus satyrus는 하늘의 은하수를 보고 길을 찾는 유일한 무척추동물로 알려져 있다. 고대 이집트에서는 이 쇠똥구리를 태양신이 환생한 것으로 생각하고 숭배했다고 하는데, 현대인인 우리는 어쩌면 별을 이용해 길을 찾는 쇠똥구리의 능력을 숭배할 수도 있을 것이다.

몇몇 바퀴벌레 종은 알이 아닌 새끼를 낳는다. 그중에서도 포유류처럼 탄수화물과 단백질을 비롯한 여러 영양소가 풍부한 '모유'를 생성하는 바퀴벌레는 현재까지 알려진 바에 의하면 딱 하나, 태평양 딱정벌레 바퀴벌레pacific beetle cockroach다. 이 바퀴벌레는 날개 아래에 새끼를 품으며 젖을 먹인다. 놀랍게도 어떤 연구원들은 이것이 인간에게 새로운 '슈퍼푸드'가 될 수 있다고 주장하지만, 극소량을 얻기 위해 바퀴벌레 수백 마리의 젖을 짜는 것은 다소 성가실 듯하다.

송장벌레는 가족을 이루고 살면서, 새끼에게 셀룰로스를 소화하는 데에 꼭 필요한 장내 미생물을 나눠 준다. 새끼는 탈피를 할 때마다 이 소화 도구를 잃기 때문에 새끼의 생존을 위해 성충들은 새끼가 완전히 자랄 때까지 곁에서 머무르며 돌봐준다. 여기서 아이를 양육하는 인간과 흥미로운 유사점을 찾을 수 있다. 인간 역시 아이가 다양한 연령대가 섞인 집단과 계속해서 접촉하고, 미생물에 노출될 수 있도록 도움으로써 아이의 면역력을 증진해준다.

벌레가 어떻게 생존하고, 행동하며, 거대한 공동체 내에서 다른 종과 어떻게 소통하고 조직을 이루는지 등을 살펴보면 많은 것을 배울 수 있다. 나는 매번 벌레에게 놀란다. 벌레가 생태계를 관리하고, 먹이를 찾고, 자기 자신을 보호하고, 자신이 속한 공간에서 생존하고, 적응하고, 군집을 이루는 모습을 보면서 감탄한다. 무척추동물을 더 잘 이해하게 된다면, 모두의 고향인 하나뿐인 지구에서 우리가 어떻게 조화를 이루고 살지에 대해 해답을 얻게 될 것이다.

## ── 다양성이 주는 교훈

자연은 대체로 획일성을 피하고, 다양한 생명과 풍경이 모자이크처럼 어우러진 모습을 선호한다. 생태계를 움직이는 것은 종의 조합과 상호작용이다. 그리고 벌레는 종의 조합을 구성하는 동물 중에서도 특히 중요한 부분을 차지한다. 2012년 한 연구에 따르면, 파나마의 열대우림 약 1에이커에 사는 곤충 종이 지구 전체에 사는 포유동물

종보다 많다고 한다.[11] 곤충들은 놀라운 기술로 자신이 속한 환경에서 적응하는 법을 배웠다.[12]

그러나 인간은 농업이나 목축업을 통해 자연을 획일화함으로써 중대한 문제들을 초래했다. 드넓은 토지에 단일 작물을 심고, 전세계에 똑같이 잔디밭을 가꾸었다. 교육 시스템이 사람들의 사고를 획일화하고, 창의적으로 생각하는 능력을 빼앗아 갔다고 주장하는 사람들이 많은데, 자연 환경도 다르지 않다. 이제라도 우리는 이처럼 획일화된 세계에서 벗어나, 인간이 자연과는 분리된 존재라는 잘못된 인식과 어떤 위협도 과학기술로 해결할 수 있다는 오만을 버리고, 자연과 함께 사는 법을 곤충에게 배워야 한다.[13]

### 전기를 이용해 높이 뛰어오르는 벌레

최근 작은 돈거미money spider에 대한 연구에서 벌레들이 이동할 때 발생하는 특별한 현상의 비밀이 밝혀졌다. 2018년, 보스턴대학교 연구원들은 길이가 5mm도 채 안 되는 돈거미가 어떻게 그렇게 굉장한 높이까지 뛰어오를 수 있는지 연구하다가 놀라운 사실을 확인했다. 필요한 높이에 도달하기 위해서 돈거미는 자기가 가고자 하는 꽃 또는 목표물의 표면으로부터 정전기력을 일으켰다. 이로 인해 근육의 힘이나 거미줄에 가해지는 공기저항에만 의지해 뛰는 것보다

휠씬 더 높은 곳까지 뛰어올랐던 것이다. 대기 중의 전기를 활용하는 이 '벌루닝ballooning'으로 거미는 매우 먼 거리를 이동할 수 있다. 서식지 내에서 이동하는 것은 물론 심지어 대륙을 가로지를 만큼 멀리 가기도 한다. 나비를 비롯한 여러 다른 무척추동물도 벌루닝을 이용해 이동하는 것으로 알려져 있다.[14]

생태계는 종이 여기저기 옮겨 다니는 것을 좋아하기에 엄격한 경계선을 짓는 것은 그다지 도움이 되지 않는다. 이동은 유전자와 혈통을 뒤섞이게 해주고, 유용한 돌연변이가 일어날 기회를 제공해주며, 종의 생존과 적응 확률을 높인다. 이동은 무척추동물만큼이나 우리 인간에게도 필요한 것이다. 무척추동물은 개체 수도 많고 번식도 빨라서, 환경에 적응하여 새로운 형태로 변화하기가 쉽다. 특정 종이 특정 장소에 고정되어 있어야 한다는 가정을 뒷받침하는 증거는 없다. 우리는 자꾸만 장벽을 쌓아 올리고, 갈등을 심화하고 있지만, 이동과 교류는 생존의 핵심 요소다.

### 벌의 가치를 돈으로 환산하면?

정책 입안자들은 무언가를 가치, 그것도 대개는 금전적인 가치로 환산해서 따지기를 좋아한다. 그러나 무척추동물을 금전적 가치 측면에서 보는 것은 자칫 오해를 불러일으킬 소지가 있다. 그 가치가 얼마든지 간에 인간은 무척추동물이 없으면 생존 자체가 불가능하기 때문이다. 하지만 벌레가 제공하는 '서비스'의 가치를 돈으로 환산한 수치는 주목해볼 만하다. 2006년, 한 논문은 (나머지 무척추동물은 차치하고) 곤충이 미국 경제에 제공하는 서비스의 금전적 가치를 산정했다. 상당히 보수적으로 산정한 것임에도 그 가치는 연간 570억 달러(약 75조 원)에 달했다.[15]

2015년에 진행된 또 다른 세계적인 연구에서는 90건의 연구 자료와 1,394개 작물을 토대로 조사한 결과, 야생벌이 제공하는 수분 매개 서비스의 가치가 1헥타르당 3,000달러(약 390만 원)가 넘는다고 제시했다.[16] 이를 영국에 적용하면, 벌이 영국 경제에 가져다주는 이익이 매년 약 6억 5,100만 파운드(약 1조 원)가 넘는다는 뜻이며, 이는 영국 왕실이 관광 수익으로 가져오는 것보다 약 1억 5,000만 파운드(약 2,453억 원)가량 더 많은 금액이다.[17] 그야말로 여왕벌과 여왕의 대결에서 여왕벌이 압승을 거둔 셈이다. 게다가 우리가 먹는 작물과 꽃을 피우는 식물 중 상당수가 동물의 수분 매개를 요구한다는 사실을 고려하면, 야생 무척추동물이 이러한 금전적 수치를 훨씬 뛰어넘는 가치를 지녔음은 더 말할 것도 없다.[18]

·

## Chapter 2

# 벌레가 우리에게
# 해주는 것들

벌레들은 존재 자체만으로도 소중하지만, 우리가 다 함께 공유하는 하나뿐인 지구를 살기 좋은 환경으로 유지하는 데에 그들이 필수적인 역할을 한다는 사실도 인정받아 마땅하다. 우리는 이전과는 다른 시각으로 벌레를 바라볼 필요가 있다. 2장에서는 우리에게 제일 친숙한 벌레와 전혀 생소한 벌레들을 살펴봄으로써, 자연에서 벌레가 얼마나 중요한 역할을 하는지, 그리고 우리가 왜 그토록 무척추동물에 의존하고 있는지 이해하고자 한다.

## ── 쓰레기를 비료로 바꿔주는 딱정벌레와 지렁이

만약 벌레가 유기물 쓰레기를 매력적인 먹이나 서식지로 생각하지 않는다면, 몇 주만 지나도 분변과 오물(낙엽은 말할 것도 없다)이 우리 무릎까지 차오르고 주변을 뒤덮을 것이다. 다행히 우리에게는 5,000종이 넘는 쇠똥구리와 같은, 작지만 강력한 쓰레기 처리 군단이 있다. 이들은 토양에 공기를 공급하고, 영양소를 순환시키고, 식물의 씨앗을 퍼뜨리는 등 생태계의 유지에 결정적인 역할을 하는 '핵심종'이다. 핵심종은 남극을 제외한 모든 대륙에 존재하고, 몹시 중요하며, 종종 믿을 수 없이 아름답다. 이들이 없으면 토양은 훨씬

더 황폐해질 것이다.

동물의 신선한 배설물을 찾아서 먹고 사는 쇠똥구리는 심지어 그 안에 알을 낳기도 한다. 어떤 쇠똥구리는 배설물을 작은 공처럼 굴려서 먹이로 쓰거나, 알을 낳는 둥지로 활용한다. 갓 부화한 새끼에게 즉시 먹을 수 있는 먹이를 준비해주는 셈이다. 배설물 안에 살거나, 그 밑에 굴을 파고 살면서 흙과 배설물이 뒤섞이게 하는 쇠똥구리도 있다.

파리와 지렁이를 비롯한 다른 많은 벌레도 쓰레기를 제거하고, 변환하고, 소비하는 역할을 한다. 동물 사체를 먹고 거기에 알을 낳는 송장벌레, 반날개, 쉬파리와 똥파리, 개미, 말벌이 아니었다면, 우리는 온통 시체에 둘러싸인 채 살았을 것이다. 보기에는 혐오스러울지 몰라도 구더기 또한 매력적이고 유용하다. 구더기가 없으면 지구는 금세 인간이 살기 어려운 환경으로 변할 것이다.

지렁이도 빠져서는 안 된다. 지렁이의 생물학적, 화학적, 물리적 역할은 매우 중요하다. 지렁이는 인간이 할 수 없는 방식으로 쓰레기를 재활용한다. 전 세계에 서식하는 지렁이는 배설물은 물론 나뭇잎과 같은 식물 찌꺼기를 분해하여 식물과 작물이 흡수하는 핵심 영양소를 배출하고, 토양의 공기 순환을 돕는다. 지렁이와 토양 균류 및 미생물 간의 복잡한 상호작용은 이제 막 밝혀지기 시작했다. 지렁이는 농부와 정원사에게는 최고의 친구이지만, 현재는 기계와 인공 비료, 화학물질의 사용과 토양 속 유기 물질의 손실로 심각한 피해를 입고 있다.

## 곰벌레의 엄청난 생존력

타디그레이드tardigrade(완보동물)는 세계 곳곳의 물속 환경에서 서식하는 매우 작은 무척추동물이다. 8개의 다리로 천천히 걷는 모습 때문에 '곰벌레' 또는 '물곰'이라는 귀여운 이름으로 불리기도 한다. 타디그레이드는 매우 독특한 특징을 지니고 있다. 다른 생명체는 견디지 못하는 환경, 가령 기온이나 기압이 극단적으로 높거나 낮은 곳,

타디그레이드

극도로 건조한 곳, 공기가 희박한 곳, 방사선이 있는 곳에서도 생존하며, 오랫동안 굶어도 살 수 있다. 현재까지 알려진 바에 따르면 가장 적응 유연성이 뛰어난 동물이다. 타디그레이드는 기본적으로 수년간 모든 신진대사를 멈췄다가, 환경이 나아지면 다시 스위치를 켜는 식으로 대사를 조절할 수 있다. 우주에서도 생존할 수 있을 것으로 예상된다. 어쩌면 2019년 4월에 추락한 달 탐사선에 타고 있던 곰벌레가 지금도 달에서 살고 있을지도 모를 일이다. 타디그레이드는 다섯 번의 지구 대멸종에서도 살아남았다. 박물관에 있던 100년 된 이끼 표본에서 되살아난 예도 있다. 그 밖에도 타디그레이드는 수중 생태계에서 새로운 서식지의 개척자이자, 큰 동물들의 먹잇감으로서 중요한 역할을 한다.


## —— 수질 지킴이 전문가, 담륜충

수질을 정화하고 오수를 처리하는 과정 중 상당 부분이 벌레에 의해 이루어진다. 찌꺼기 분해 및 여과 과정을 돕는 벌레들은 지구의 수질 정화 시스템에서 핵심적인 부분을 담당한다. 그중에는 우리 눈에 보이지 않을 만큼 작은 수질 지킴이 부대도 있다. 영어로는 '로티퍼rotifer'라고 불리는 무척추동물 담륜충이 그 예다. 로티퍼는 라틴

어에서 유래한 이름으로, '바퀴를 가진 자'라는 뜻을 지니고 있다. 머리 위에 섬모가 동그랗게 나 있는 모습이 마치 바퀴 같다고 해서 붙여진 이름이다. 이들은 현미경으로 봐야 할 만큼 매우 작은 무척추동물이지만, 세계의 수질을 정화하는 데 없어서는 안 될 중요한 존재다. 담륜충은 물속을 돌아다니면서 죽은 박테리아와 조류, 물속에 살거나 물속으로 떨어진 작은 벌레를 먹고 산다. 머리 위의 섬모가 작은 먹이 조각을 입 쪽으로 옮겨주면 먹이를 소화시키고, 사용하지 않은 부분은 다시 배출한다.

이처럼 담륜충은 물속 찌꺼기를 작게 조각내 미생물의 분해 작용을 돕는다. 이렇게 배출된 영양소는 다시 동물이나 식물에 의해 사용된다. 담륜충의 역할은 여기서 끝이 아니다. 담륜충은 가느다란 실 같은 박테리아의 증식을 억제하여 용존산소량이 증가하도록 도움으로써 다른 동식물이 살기에 더 적합한 환경으로 주변을 가꿔준다. 또한 다른 벌레와 마찬가지로, 물고기와 새 같은 동물들의 매우 중요한 먹이 자원이 된다.

담륜충은 사실상 모든 호수와 냇가, 연못에 서식하며, 습기가 많은 숲속의 이끼 위, 열대지방, 심지어 얼어붙은 북극에서도 발견된다. 연못가나 호숫가에 자란 물이끼를 살펴보면 거의 무조건 담륜충을 볼 수 있다. 물론 담륜충을 관찰할 수 있는 휴대용 현미경을 갖고 있어야 하겠지만 말이다.

## ── 박각시나방의 혀

대부분의 사람들은 무척추동물이 식물의 생식을 돕는다는 사실을 인지하고 있지만, 그에 대해 깊이 알지는 못한다. 사람들이 제일 잘 아는 꽃가루 매개자인 벌은 수술의 꽃가루를 암술에 옮겨서 식물의 수분을 돕는다. 그 덕분에 우리는 사과, 후추, 아몬드와 같은 작물을 얻을 수 있다. 그렇다면 박각시나방은 어떤가? 박각시나방의 대롱 같이 긴 '혀'는 다른 곤충들은 닿을 수 없는 부분까지 닿을 수 있도록 설계된 것이다. 이처럼 두드러지게 길쭉한 주둥이(엄밀히 말하면 흡수형 구기)로 박각시나방은 길고 움푹한 꽃의 깊숙한 곳까지 접근해 풍부한 꿀을 먹을 수 있다. 공학적, 디자인적 측면에서 볼 때 가히 걸작이라 할 만하다.

박각시나방이 꽃 위를 맴돌 때 그 날갯짓이 얼마나 빠른지 알면 아마 더욱 놀랄 것이다. 박각시나방은 근육, 감각, 날개를 적절히 움직여 공중에 정지하는 비행법을 사용함으로써 자유자재로 움직인다. 박각시나방이 꽃 깊숙한 곳의 꿀을 먹고 떠날 때, 수술의 유전자가 든 꽃가루 덩어리가 몸에 묻고, 그 꽃가루가 나방이 다음번에 방문한 꽃의 암술에 떨어지면서 식물의 수분이 이루어진다. 이처럼 나방은 식물의 생식 활동을 가능하게 하여, 식물 종을 풍요롭고 번성하게 하는 핵심적인 역할을 한다. 이는 탁월한 설계와 상리 공생 관계를 보여주는 아름다운 예시이기도 하다.

식물의 수정을 돕는 많은 벌레(벌, 파리, 말벌, 나방, 딱정벌레, 개미, 심지어 모기까지)는 대개 먹이, 즉 꿀을 얻으러 꽃에 방문했다가 자연스럽게 꽃가루를 나르지만, 직접 꽃가루를 수집하고 활용하는 종들도 있다. 벌은 새끼에게 주요 단백질 공급원으로 꽃가루를 제공한다. 벌은 자기 체중의 거의 절반에 가까운 무게의 꽃가루를 나를 수 있다.

이러한 벌레와 식물의 상호 유익한 관계는 수백만 년에 걸쳐 진화해왔다. 그리고 많은 사례에서 보듯이, 이 관계와 이를 가능하게 하는 물리적 특성(가령 긴 혀와 복잡한 꽃 구조)은 놀라울 정도로 정교하며 구체적이고 고유하다.

### 박각시나방 돌보기

박각시나방은 낮에 활동하는 매우 아름답고 큰 나방이다. 무늬가 화려해서 보기만 해도 눈이 즐겁고, 벌새와 외양이 닮았다. 이토록 아름다운 곤충을 만나고 싶다면, 인동덩굴, 재스민, 레드바레리앙과 같이 나방이 좋아하는 꽃꿀이 풍부한 식물을 키우는 것을 추천한다. 갈퀴덩굴Galium aparine은 대부분 잡초로 생각해서 제거하는 경우가 많은데, 사실 나방이 주로 알을 낳는 식물이므로 그냥 내버려 두는 것이 좋다. 갈퀴덩굴속에 속하는 솔나물 또한 박각시나방이 알을 낳기 좋아하는 곳이다. 솔나물은 밝은 노란색 꽃을 피우므로, 만약 갈퀴덩굴이 별로 내키지 않는다면 대신 솔나물을 키울 수도 있다. 정원을 너무 깔끔하게 정리하지 말자. 화학물질 사용을 피하는 것은 언제나 리버깅에 도움이 된다.

실제로 내가 잉글랜드에서 처음으로 이 멋진 박각시나방을 본 것은 솔나물이 아무렇게나 자라게 내버려 둔, 7평 남짓한 런던의 내 정원에서였다. 박각시나방이 1초에 85번 날개를 움직일 때마다(벌새보다

박각시나방

35번 더 많이 움직인다), 내 심장도 거기에 맞춰서 빠르게 뛰었다. 25년 간 그 집에 살았지만, 박각시나방이 방문한 건 처음이었다. 농약이나 제초제를 쓰지 않고 자연 그대로 내버려 둔 정원은 그 자체로 야생동물을 위한 훌륭한 쉼터가 될 수 있다.

## ─ 식물을 지켜주는 말벌

말벌은 평판이 나쁜 것과는 달리 식물의 수분부터 해충 통제까지 우리에게 이로운 일을 많이 한다. 벌과 무당벌레만큼이나 유용하고, 우리가 싫어하는 파리도 없애주니, 말벌을 발견하더라도 죽이지 않는 것이 좋다. 혹시 벌집을 그냥 두기 어렵다면, 독한 화학물질을 쓰지 않고도 제거할 방법이 많다. 다만 이럴 때는 전문가의 도움을 받는 것이 현명하다.

나는 1980년대 말 잉글랜드 서퍽에서 해충 관리 연구 목적으로 굴파리를 사육하며 즐거운 여름을 보냈다. 잎굴파리는 나뭇잎 속에 알을 낳는데, 알이 부화하면 구더기 유충이 잎 속에 굴을 파면서 하얀색 자취를 남기기 때문에 해충으로 불린다. 그 수가 너무 많으면 과일 수확을 저해하기도 하고, 잎이 온통 하얀 줄로 뒤덮여서 보기에도 좋지 않다.

당시 나는 온실에서 상업적으로 적용 가능한 수의 말벌을 키워서 생물학적 방제biocontrol로 활용하는 것이 가능한지를 연구하고 있었다. 말벌은 '포식기생자' 곤충이다. 파리 유충에 알을 낳으면, 거기서 부화한 새끼 말벌이 자라면서 파리 유충을 잡아먹는다. 나는 뜨거운 태양 아래에서 옥수수밭을 샅샅이 뒤져 굴파리의 흔적이 있는 잎사귀와 그 안에서 성충으로 변태 중인 작고 딱딱한 번데기를 찾았다. 그 잎사귀들을 가져가서 케이지 안에서 굴파리를 부화시킨 다음, 말벌을 투입하고 그들이 파리 유충에 알을 낳을 수 있도록 필요한 환경과 먹이를 제공할 계획이었다. 서퍽에서의 시간은 더없이 행복했다. 굴파리 사육을 시작할 수 있을 만큼 충분히 파리 번데기를 찾아서 학교로 돌아와 연구를 했다. 짧은 연구였지만, 온실 환경에서도 포식기생자를 키울 수 있음을 확인했다. 말벌을 이용하면 살충제를 사용하지 않고도 잎굴파리를 제거할 수 있다.

**잎굴파리 찾기**

리버깅이 언제나 연구 활동과 관계 있는 것은 아니다. 잎을 파먹는 곤충을 찾는 것은 아이와 어른 모두에게 즐거운 놀이가 될 수 있다(나 역시도 딱딱한 번데기를 찾는 일이 재밌었다). 풀이나 나뭇잎에서 잎굴파리 유충이 남겨놓은 구불구불한 하얀 줄을 찾아보자. 그러면 그 안에서 아직도 꿈틀대는 벌레를 발견할 수 있을 것이다. 어쩌면 구기를 움직여서 풀을 뜯어 먹는 모습을 볼 수 있을지도 모른다. 또는 성충이 되기 전 딱딱하게 변한 번데기를 발견할 수도 있다.


## —— 해충을 없애주는 무당벌레

작물을 재배하는 사람들에게는 무척추동물이 골칫거리일 수 있다. 민달팽이, 진딧물, 애벌레, 거세미 등은 전부 농부와 정원사의 적이다. 매년 이들을 죽이거나 퇴치하는 화학물질과 연구에 수많은 돈이 들어간다. 그러나 조건만 잘 맞으면 벌레가 오히려 정원사와 농부에게 든든한 친구가 되어줄 수도 있다. 한 가지 흔한 예가 무당벌레다. 무당벌레는 게걸스러운 육식 곤충이며, 진딧물 수를 관리하는 데 도움이 된다. 일부 종의 유충은 검정 갑옷에 붉은 줄무늬가 있는 등 외양이 매우 험상궂은데, 그 생김새처럼 이들은 진딧물을 하루에 최대 50마리까지 잡아먹는 등 매우 호전적으로 벌레를 먹어 치운다.

작은 선충을 구매해서(알을 구매해서 물에 넣어두면 부화한다) 달팽이와 민달팽이를 통제하는 방법도 있다. 이 같은 '생물학적 방제'는 벌레가 알아서 새끼를 낳아서 다음 세대의 해충을 통제하기 때문에 지속 가능하며, 사람에게도 해가 없고, 비용도 저렴하다. 자연적으

로 일어나는 생물학적 방제의 경제적 가치를 추산하려면, 제외해야 할 요소들이 많으므로 가늠하기가 쉽지는 않지만, 아마도 그 비용이 연간 수십억 파운드에 달할 것으로 예상된다.

### 무당벌레 키우기

많은 정원사들이 무당벌레와 그 밖의 다른 유용한 포식자들이 정원으로 오도록 유혹할 것이다. 살충제는 해충은 물론 이로운 벌레도 해치기 때문에 살충제 없이 정원을 가꾸는 것은 매우 중요하다. 카렌듈라, 마리골드 등과 같은 일반적인 식물과 서양톱풀, 안젤리카, 펜넬, 딜과 같이 윗부분이 평평한 꽃을 함께 키우면 해충 포식자들이 좋아할 것이다.

의아하게 들릴 수도 있겠지만, 진딧물 등의 해충을 완전히 다 없애지 않고 일부 남겨두는 것도 중요하다. 무당벌레와 그 밖의 유익한 야생동물에게 좋은 먹이가 되기 때문이다. 또한 오래되고 속이 빈 줄기와 통나무 등과 같이 축축하고 어두운 공간을 마련해두면 성충이 겨울을 나는 데에 도움이 된다.

## —— 벌레를 활용한 해충 관리 전략

벌레를 이용한 생물학적 방제는 점점 더 유용한 도구로 주목받고 있으며, 추후 종합적인 해충 방제 전략에서 중요한 역할을 하는 거대 산업이 될 것으로 예상된다. 생물학적 방제는 이전부터 있었던 해충 관리 방법이기는 하지만, 저렴하며 구하기 쉽고 효율적인 화학적 살충제와 비교했을 때 외면받기 십상이었다. 연구원들이 관련 연구와 실험에 참여하고 투자를 받기도 쉽지 않았다. 그러나 해로운 살충제 사용을 줄여야 한다는 인식이 사회 전반에 퍼지고, 살충제에 내성이 생긴 해충과 질병이 등장해 화학물질이 점점 제 기능을 못 하게 되면서, 생물학적 방제의 시대가 도래하고 있다. 무척추동물을 활용하여 해충과 잡초를 관리하는 방식은 앞으로도 더욱 크게 각광받을 것이며, 또 그렇게 되어야 마땅하다.

생물학적 방제를 사용하면 세계적 규모의 재앙을 방지할 수 있다. 한 예로, 1980년대 태국에서는 밭에 카사바 깍지벌레가 나타나 작물을 쑥대밭으로 만든 일이 있었다. 그러자 이웃한 나라들이 수요를 맞추고자 빠른 속도로 숲을 밀고 카사바를 재배했다. 그런데 엉망이 된 태국의 밭에 포식기생자 말벌(깍지벌레에 알을 낳으면 부화한 유충이 숙주를 잡아먹는다)을 풀었더니 깍지벌레 개체 수가 감소했다. 그 결과 각 나라의 카사바 밭 면적이 줄어들어 산림 파괴 속도가 최소 31%에서 최대 95%까지 느려졌다.[1]

그러나 우리는 인간의 통제 본능과 쉽게 예측할 수 없다는 자연의 특성 때문에 생물학적 방제를 할 때도 실수를 저질러왔다. 1930년대 호주에서는 사탕수수 딱정벌레를 통제하고자 유독한 비소, 구리, 피치 살충제 대신 수수두꺼비를 풀었다. 그러나 이는 크나큰 실수였다. 해로운 침입종이었던 두꺼비는 매우 빠른 속도로 호주

곳곳으로 퍼져나가 야생동물을 해쳤고, 그러면서도 정작 사탕수수 딱정벌레에게는 거의 영향을 미치지 못했다. 하지만 다행히도 물쥐라는 해결책이 등장했다. 과학자들은 물쥐가 두꺼비를 잡아서 거의 '외과 의사급'으로 정확하게 내장을 잘라 먹는다고 보고했다. 자연은 언제나 길을 찾는다.

전문가들이 위험을 분석해서 신중하게 접근하고, 생물학적 방제를 종합적 해충 관리의 한 부분으로 적용한다면, 이러한 방식은 환경과 경제에 큰 이익을 가져올 수 있다. 1800년대 말 이후, 전 세계적으로 생물학적 방제를 통해 완전히 또는 부분적으로 억제된 해충은 200종이 넘으며, 잡초는 50종이 넘는 것으로 추정된다.

## ── 구더기와 거머리를 치료에 활용하다

벌레의 치유 능력은 거의 알려진 바가 없지만, 벌레는 이미 수천 년 동안 약으로 활용되어 왔다. 한 예로 미국 남북전쟁 때도 파리 구더기로 상처를 치료한 기록이 있다. 구더기를 인간과 동물의 상처 치료에 썼다는 기록은 고대까지 거슬러 올라간다. 대부분은 옛날이야기지만, 놀랍게도 어떤 벌레들은 현대 의학에서도 주목받고 있다.

핵심은 썩은 살을 먹어 치우는 능력에 있다. 소독 처리한 살아 있는 구더기(대개 초록빛을 띠는 흔한 금파리의 유충)를 인간이나 동물의 상처 난 피부와 연조직에 놓으면, 구더기가 죽은 조직을 청소하는 것을 볼 수 있다. 또한 항균성 물질을 포함하고 있어서 상처 부위를 소독하는 효과도 있다. 현재 미국에서는 특정 상처에 이 같은 '구더기 치료법'을 사용하는 것이 가능하며, 환자들 역시 이러한 치료법을 받아들일 뿐만 아니라 경과도 좋은 것으로 보인다.

꿀이 수천 년 동안 항균 및 항염증성 기능을 제공하는 약으로 쓰였다는 사실은 그리 놀랍지 않다. 고대 이집트인은 상처 드레싱에 꿀을 활용했으며, 꿀이 화상 치료에 도움이 된다는 증거도 있다.[2]

한편 피를 빨아 먹는 거머리는 지난 100년간 치료에 사용이 금지됐다가 최근에야 다시 의학적 가치를 인정받고 있다. 고대부터 사용되었던 거머리는 빅토리아 시대 때는 환자의 피를 빨아들이는 데에 사용됐다. 여성들은 강물을 오가면서 거머리가 다리에 붙기를 기다린 후, 거머리를 잡아서 상자에 담아 의사나 약사에게 팔았고, 그러면 그들은 거머리를 화려하게 장식한 항아리에 보관해 사용했다.

거머리는 숙주의 피를 계속 빨아 먹기 위해서 혈액 응고를 막는 성분을 분비하고, 마취 성분을 사용해서 숙주가 고통을 느끼지 못하도록 한다. 오늘날 거머리는 관절과 정맥의 질병 및 미세수술에서 활용되고 있으며, 거머리가 분비하는 성분을 활용한 혈전 방지제가 제조되어 일부 혈액 관련 질병을 치료하는 데에 쓰이고 있다. 자연에서 만나는 거머리는 거의 위험하지 않다. 한번은 가족들과 캐나다의 차가운 호수에서 수영하다가 어린 아들의 발에 거머리가 붙은 적이 있다. 그것을 본 막내는 부러워하며 자기도 거머리를 찾아 물에 들어갔었다. 우리는 모두 거머리에 매혹됐고 행복한 시간을 보냈다. 나는 사랑스러운 아들에게서 거머리를 떼어내기 전에 사진을 찍어서 멋진 추억을 남겨주었다.

## ── 벌레는 맛있는 식품 자원

무척추동물은 여러 동물의 주요 먹잇감이다. 무척추동물이 없으면 수많은 종류의 새도 더는 존재할 수 없을 것이다. 그러나 사람이 벌레를 직접적인 식품 자원으로 섭취하는 예도 생각보다 많다. 유엔식량농업기구FAO에 따르면 약 20억의 인구가 벌레를 직접 섭취하고 있다. 이들은 주기적으로 벌레를 잡거나 사육해서 저렴한 가격에 풍부한 단백질을 섭취한다. 이를 식충성entomophagy라고 한다.

식충성이 오래전에 사라진, 좀 더 부유한 국가에서도 곤충으로 만든 칩이나 귀뚜라미 밀가루와 같이 소비자들이 쉽게 받아들일 수 있을 만한 제품을 개발하려는 노력이 이뤄지고 있다. 물고기 먹이로는 이미 곤충이 사육되고 있지만, 닭이나 돼지 등의 가축을 먹이기 위해 좀 더 대량으로 값싼 곤충 단백질을 생산할 수 있는 시스템도 현재 시험 중에 있다.

나도 온라인에서 귀뚜라미 밀가루를 주문해본 적이 있다. 밀가루 냄새를 맡으니 학생 때 실험실에서 도망친 바퀴벌레를 잡으러 쫓아다녔던 기억이 떠올랐다. 솔직히 말하면 식욕을 돋우는 냄새는 아니었다. 냄새를 잡으려고 설탕과 생강을 듬뿍 넣어서 쿠키를 만들었다. 내 동료 직원들은 대부분 기꺼이 귀뚜라미 쿠키를 맛보았는데, 모두가 꽤 맛있다고 했다. 제법 성공적인 시도였다.

어떤 친구는 태국의 길거리에서 귀뚜라미로 만든 음식을 먹고 거기서 영감을 얻어, 집으로 돌아온 뒤 직접 귀뚜라미를 키우기 시작했다. 현재 그녀의 서재에는 7만 마리가 넘는 귀뚜라미가 있다. 아직은 그녀의 곤충 농장에서 귀뚜라미 밀가루를 파는 것은 법적으로 불가능하지만, 귀뚜라미가 만드는 거름을 정원 비료로 판매하는 것까지는 성공했다.

미국에서는 곤충 식품을 파는 것이 합법이지만, 영국에서는 아직 수입된 곤충 식품을 마트에서 판매하는 것까지만 합법이며, 곤충 사육도 물고기 먹이용으로만 허용하고 있다. 그러나 최근 영국도 대두와 같은 단백질 작물 대신 곤충으로 만든 밀가루, 스낵, 가축 사료 등의 상업적 개발을 허용하는 쪽으로 점점 바뀌고 있다.

2021년 초, 유럽연합EU은 밀웜이 사람이 먹어도 안전한 식품

임을 승인했다. 곤충 산업계에서는 앞으로 EU가 그 승인 대상을 메뚜기, 귀뚜라미 등 다른 곤충까지 확대해갈 것으로 기대하고 있다. 어쩌면 유럽 전역에서 곤충이 가축 사료로서, 다양한 요리의 식자재로서 판매되고 대량 생산되는 새로운 기회가 찾아올지도 모르겠다. 실제로 지금도 구더기 공장에 수백만 파운드가 투자되고 있다.

산업용 대량 생산과 관련해서 아직 해결해야 할 안전성 문제 및 윤리적, 환경적 문제가 많다고 생각하지만, 곤충 단백질이 현재 우리가 의존하고 있는, 매우 잔인하고 지속 불가능한 가축 사육 시스템을 상당 부분 대체할 수 있음에는 의심의 여지가 없다. 그러나 곤충 역시 고통 등의 다양한 감정을 느낄 수 있는 동물이기에 인간적인 방법으로 사육하고 도축해야 함이 분명하다.

추가로, 덩치는 작지만 셀 수 없이 많은 이 동물들에게 무엇을 먹일 것인지도 중요한 문제다. 토양 영양제나 개선제처럼 중요한 용도로 쓰이던 음식물 쓰레기 또는 동물 배설물이 곤충 먹이로 사용되는 바람에, 오히려 인공 비료를 써야 하는 상황이 생길 수도 있다. 현재의 가축 사육 시스템이 건강, 온실가스 배출, 동물 복지, 생물학적 다양성 등 다 열거하기도 어려울 만큼 많은 문제를 일으킨다는 점을 고려하면, 곤충을 먹는 것은 저렴하고, 윤리적으로도 더 쉬운 선택지처럼 보인다. 그러나 곤충 사육으로 또 다른 재앙을 가져와서는 안 될 일이다.

## —— 벌레도 감정을 느낄까?

사람이 다른 동물에 대해 우월 의식을 느끼는 이유는 동물이 감정을 거의 못 느낀다고 가정하기 때문이다. 소나 당나귀가 우리보다 '감정'을 덜 느낀다고 생각하기에 그들을 사육하고 심지어 학대하기도 한다. 그러나 '컴패션 인 월드 파밍CIWF, Compassion in World Farming' 등의 국제 동물복지단체에서는 이러한 가정에 이의를 제기하며, 동물의 감정에 대한 법적 정의를 마련할 것을 촉구해왔다.

무척추동물은 감정을 느낄까? 그렇다면 이것이 그들의 욕구 충족 능력에 영향을 미칠까? 그리고 인간이 무척추동물을 대하는 방식 또는 무척추동물에게 배움을 얻는 방식에도 영향을 미칠까?

과학자들은 감정의 개념을 설명하고자 할 때 '지각 능력'이라는 단어를 사용한다. 지각 능력은 주관적으로 느끼고, 감지하고, 경험하는 능력이다. 지각하는 존재는 외부 자극을 인지하고 거기에 반응을 보일 수 있다. 그리고 어떤 존재든 감각이 있다면 살아 있는 신체는 외부 자극을 '지각'할 수 있다. 냄새를 맡고, 소통하고, 만지고, 보고, 듣는다. 무척추동물이 이 모든 것을 잘하면 잘했지 못하지는 않는다.

한편 중추신경계가 없는 동물은 지각 능력이 없다고 정의하는 사람도 있다. 박테리아, 조류, 원생생물, 균류, 식물, 그 밖의 몇몇 동물들이 여기에 속한다. 과학자들은 의식을 가지기에는 이들의 신경 구조 또는 신체적 구조가 지나치게 단순하다고 말한다.

CIWF를 비롯한 여러 단체에서 동물의 지각 능력에 대한 사람들의 인식을 개선하기 위해 오랫동안 캠페인을 벌인 끝에, 마침내 2009년에 큰 변화가 일어났다. EU 리스본 조약에서 "동물도 지각하는 존재이므로, EU와 회원국은 동물 복지에 필요한 사항을 충분히 고려해야 한다"고 명시한 것이다. 동물의 감정에 대한 법적 정의 역시 (더디기는 하지만) 농장 가축의 사육, 수송, 도축에 더 나은 방향으로 규제를 가하도록 바뀌고 있다.

두족류(문어, 오징어, 갑오징어 등)는 무척추동물 중에서도 좀 더 '고등' 생물로 여겨지는 편이며, 법적으로도 지각 능력이 있는 동물로 인정되어 동물복지법의 대상에 포함된다. 연구하기 까다로운 영역이기는 하지만 현재 과학자들은 두족류가 고통을 느낄 수 있다고 말한다. 2013년 EU에서는 동물 실험에 쓰이는 두족류를 보호하는 법안을 처음으로 마련했다. 이는 두족류가 고통과 통증을 느낀다는 과학적 증거가 충분하다는 뜻이다. 모든 국가에서 그리고 모든 상황(사육 환경, 먹이, 도축 등)에서 두족류를 보호하는 작업이 진행되고 있다.

그러나 법의 보호를 받지 못하는 무척추동물 대부분에 대해서는 여전히 커다란 물음표가 떠 있다. 이미 수백만 마리의 무척추동물이 물고기 먹이로 사육되고 있지만, 앞으로 가축, 특히 가금류와 돼지 사료로 사육될 무척추동물의 수와 비교하면 새 발의 피일 것이다. 미국의 곤충 사료 산업만 해도 2029년 말에는 그 가치가 거의 24억 달러(약 3조 원)에 이를 것으로 추정된다.[3] 즉, 매일 셀 수 없이 많은 무척추동물이 사육되고 도살될 것이라는 말이다.

이처럼 연구, 사료, 식품 개발 등의 목적으로 엄청난 수의 무척추동물이 쓰일 것이 예상되는 상황임에도 아직 적절한 규제가 마련되지 않았다는 것은 용납하기 어렵다. 무척추동물의 사육과 도살에 대한 법적 정의와 법률은 진작에 확립됐어야 마땅하다. 지금까지 나온 연구 결과들은 무척추동물이 의사소통하고, 만지고, 느끼는 등 다양한 측면의 지각 능력을 갖추고 있음을 보여준다. 그들이 고통을 느끼지 못한다는 증거는 전혀 없다. 따라서 최소한 예방 차원의 원칙이라도 적용해서 모든 무척추동물의 사육과 도살에 동물 복지 규제가 이뤄져야 하겠다. 산업용으로 사육되는 포유류와 가금류처럼 무척추동물도 대량으로 사육할지 아닐지는 또 다른 문제다.

무척추동물이 우리에게 얼마나 중요한 존재인지, 그리고 그들이 얼마나 심각한 위험에 처해 있는지를 고려하면, 우리는 지금 당장 행동해야 한다. 그러나 우리가 행동해야 하는 이유가 꼭 인간의 필요에만 있는 것은 아니다. 무척추동물은 오염되지 않은 세상에서,

위협받지 않고 자유롭게, 그리고 가능한 한 자연에 가까운 모습으로 자신의 삶을 영위할 권리를 갖는다. 행여 이 같은 관점에 동의하지 않더라도, 벌레를 돌봐야 할 다른 훌륭한 이유는 많다. 그러나 그중에서도 가장 근본적인 이유는 벌레가 없으면 우리도 지구에서 살 수 없다는 것이다. 따라서 살고 싶다면, 현재 우리가 어떤 잘못을 저지르고 있는지, 그리고 어떻게 하면 이를 제대로 돌려놓을 수 있는지를 반드시 알아야 할 것이다.

## Chapter 3

# 리버깅으로
# 자연을 다시 회복하다

리와일딩이란 무엇인가? 기본적으로는 한때 지구를 뒤덮었던 숲, 강, 습지 등의 자연 생태계를 다시 조성하고, 자연의 회복력을 믿고 야생 그대로 놔두는 것을 의미한다.

리와일딩 프로젝트는 대개 그 규모가 크다. 인간의 간섭과 오염 없이 자연이 스스로 회복되도록 놔두어야 하기 때문이다. 그래서 리와일딩은 드넓은 토지와 그곳에 사는 대형 초식동물 또는 육식동물, 그리고 우리와는 동떨어진 토지 소유주나 기관의 중대한 의사결정과 모두 연관되어 있다. 물론 이것들도 매우 소중하다. 그러나 인간을 완전히 배제한 채 리와일딩을 할 수는 없다. 어쨌거나 인간도 자연 세계의 일부이니 말이다. 대신 우리는 새로운 삶의 방식을 찾음으로써 생태계와 다시 교류하고, 인간과 자연이 함께 번성하는 더 풍요로운 세계를 만들 수 있다. 더 많은 벌과 지렁이와 파리와 더불어 살아가는 것이다. 나는 이처럼 지구에서 가장 자그마한 생물체에서부터 리와일딩이 이루어져야 한다고 생각한다.

무척추동물은 모든 리와일딩 프로젝트의 근간이다. 지혜롭게 이동하고, 적응하고, 번식하는 모든 과정에서 무척추동물은 마치 대의를 위해 움직이는 보병처럼 제 역할을 한다. 그리고 일부 꿀벌, 누에고치, 생물학적 방제용 곤충을 제외하면, 우리가 만나는 거의 모든 무척추동물은 '야생동물'이다. 우리 주변에 무척추동물이 존재하는 이유는 우리가 그들을 위한 환경을 조성했기 때문일 텐데도, 무척추동물은 우리에게 사육되거나 길들지도 않으며, 심지어 우리에게 관심조차 두지 않는다.


## ── 리와일딩이 벌레에게 도움이 된다?

리버깅이란 지구상의 거의 모든 환경에서(자연 그대로의 모습을 지닌 곳이든, 그렇지 않은 곳이든) 이처럼 작지만 중요한 존재들이 번성할 수 있도록 돕는 것이다. 그러려면 이미 벌레가 많이 사는 곳에서는 더는 줄어들지 않도록 보존하고, 벌레가 부족한 곳에서는 개체 수를 회복할 수 있도록 노력해야 한다. 또한 우리의 일상과 집과 일터에 다시 벌레가 찾아오도록 해야 한다.

그렇다면 벌레의 관점에서 '좋은' 환경이란 어떤 곳일까? 우리는 벌레가 번성하기에 '완벽한' 서식지와 조건, 다시 말해서 지금과 같은 벌레 멸종 사태가 발생하기 전의 환경을 잘 알 필요가 있다. 인류가 출현하기 전에 지구가 어떤 모습이었는지, 아니면 심지어 훨씬 가까운 과거인 100년 전에 자연이 어떤 모습이었는지 모르면, 우리가 무엇을 잃었는지도 제대로 판단할 수 없기 때문이다. 리버깅을 통해 자연이 스스로 회복하도록 둔다면 새로운 곤충 서식지가 더 많아질 것이며, 이는 우리에게 큰 기쁨을 줄 것이다. 비교적 작은 면적이라도 리와일딩을 할 때 무척추동물이 원래 살던 서식지와 상당히 흡사한 공간이 만들어질 수 있다. 그 과정에서 우리는 여러 흥미로운 점을 매우 많이 발견할 것이다. 이미 리와일딩 프로젝트는 우리가 기존에 알고 있던 지식을 뒤집고 있다. 리와일딩을 한 후, 벌레들이 그들이 좋아할 것이라고는 전혀 생각지도 못한 서식지에 자리 잡는 경우가 종종 나타나고 있기 때문이다.

이저벨라 트리Isabella Tree는 저서 《야생 쪽으로Wilding》에서 몹시 매력적인 역할을 하는 무척추동물의 이야기를 들려준다. 이저벨라 트리와 그녀의 남편 찰리 버렐Charlie Burrel은 수년간 평범한 방식으로 농사를 짓다가, 1990년대 영국 웨스트서식스에 있는 약 430만 평의 땅을 재야생화하기로 결심했다.

그들이 재야생화한 땅에 다시 돌아온 수많은 무척추동물에 관한 이야기를 읽으면서 나는 전율했다. 영국에서 거의 사라진 번개오색나비와 같은 종이 그곳에 나타나기도 했다.[1] 여기서 재미있는 점은, 트리와 버렐 부부가 지금까지 영국 내에 딱 한 곳에서만 사는 것으로 알려진 종을 발견했다는 것이다. 이를 바탕으로 생각해보면, 일부 곤충들이 특정 서식지에만 사는 이유는 그들이 원래 선호하던 환경을 찾지 못했기 때문일 수도 있다.

예를 들어 번개오색나비는 원래 산림지대에 사는 종으로 알려져 있었으나, 사실은 관목이 우거진 서식지를 좋아하는 것으로 밝혀졌다. 지금까지의 연구 논문과 관련 글에서 벌레를 위한 '이상적인' 서식지로 가정했던 것들이, 만약 벌레에게 더 넓은 선택지가 주어지면 달라질 수도 있다는 것이다. 이 사실을 발견하고 내 심장이 빠르게 뛰기 시작했다. 도심지를 비롯한 모든 곳에 좀 더 다양한 서식지를 마련하고 리버깅을 함으로써 우리가 얻게 될 것들을 떠올리는 것만으로도 가슴이 두근거린다.

리버깅은 우리에게 상당히 큰 보상과 교훈을 준다. 트리와 버렐 부부가 드넓은 토지를 리와일딩하는 과정에서 경험한 시행착오와 그들이 느꼈던 기쁨에 대해 읽어본 사람이라면 누구나 무척추동물이 생태계에 필수적이며 복잡한 역할을 담당하고 있다는 사실을 알게 될 것이다. 리와일딩을 시도하는 사람들은 학습곡선대로 시행착오를 겪기도 하는데, 때로는 이것이 그 과정의 특별함을 더해준다.

일례로 이저벨라 트리는 그들이 넵 캐슬 지역을 재야생화하는 도중에 어려움을 겪었던 일을 언급했다. 2007년, 유난히 생존력이 강한 개척자 잡초(개척자 종은 불모의 땅에 처음으로 자라난 식물을 가리킨다)인 조뱅이가 '숨 막히게 빠른 속도'로 땅을 뒤덮기 시작하더니 2009년이 되자 땅의 상당 부분을 장악해버렸다. 과연 '지옥에서 온 엉겅퀴'라는 별명을 얻을 만하다. 트리와 버렐은 리와일딩의 기본 원칙대로 자연이 스스로 해결하도록 내버려 두려고 했으나, 이웃 농부들은 조뱅이의 침략으로 보조금을 받지 못하게 될까 봐 크게 걱정했다.[2]

그러나 마침내 자연은 작은멋쟁이나비라는 해결책을 찾아냈다. 그해, 엄청난 수의 작은멋쟁이나비가 모습을 드러냈다. 가장 좋아하는 식물인 조뱅이에 알을 낳기 위해 그들은 최대 9,000km를 날아 넵 캐슬로 모여들었다. 아마 나비의 이동 중에서는 지구상에서 가장 멀고 긴 여행이었을 것이다. 뾰족뾰족한 검은 애벌레는 문제되지 않을 만큼의 조뱅이만 남겨놓고 전부 먹어 치웠다. 이 같은 리와일딩 사례에서 명확히 볼 수 있듯이, 자연은 결국 균형을 이루어간

다. 그리고 그 과정에서 곤충의 이동과 빠른 번식력은 핵심적인 역할을 할 수 있다.


## ── 사라진 종이 다시 돌아오게 하는 일

'어떤 동물이 어디에 속하는지'는 리와일딩에서 주목하고 있는 흥미로운 이슈다. 멸종 위기에 처한 동식물종의 수를 늘리기 위해 특정 종을 투입하는 일, 혹은 유속이 빨라진 강을 다시 천천히 흐르게 하려고 범람원에 더 많은 동식물이 자라게 하듯이, 균형이 깨진 생태계를 재조성하는 활동이 여기에 해당한다.

특정 생태계가 존재하기 위해서 꼭 필요한 종을 핵심종이라고 한다. 핵심종이 사라지면 생태계가 엄청난 위험에 처할 수 있지만, 반대로 핵심종을 재방사하면 뜻밖의 결과를 얻을 수도 있다. 미국 서부의 옐로스톤 국립공원에 방사한 늑대는 공원 생태계에 전혀 예상치 못한 긍정적인 결과를 가져왔다. 70년 전, 이 국립공원에서 늑대가 자취를 감추자 엘크 개체 수가 늘어났는데, 늘어난 엘크가 풀을 지나치게 많이 뜯어먹는 바람에 문제가 생겼다. 이 문제는 늑대가 방사된 후에야 비로소 해결됐고, 이후 자연스레 엘크의 수도 적절하게 유지됐다. 그런데 그 이상의 효과도 있었다. 버드나무를 다

먹어 치우던 엘크가 줄어들자, 비버의 개체 수가 증가했으며, 버드나무가 무성하게 자라 물고기와 수생 무척추동물에게 새로운 서식지가 되어주었다. 또한 이는 그 벌레와 물고기를 먹고 사는 다른 동물에게도 영향을 미쳤다.[3] 이처럼 자연의 모든 것은 연결되어 있다. 사람들은 주로 털이 복슬복슬한 척추동물에게만 관심을 두지만, 생태계 균형에서 핵심적인 역할을 하는 벌레들도 이제는 인정하고 돌볼 필요가 있다.

한편, 영국의 한 지역에서도 동물을 방사한 것이 큰 효과를 불러일으켰다. 비버를 강에 방사하자, 그들은 새로운 서식지를 형성했다. 이로 인해 생물 다양성이 개선되었으며, 심지어 강의 범람을 막고, 이 지역의 녹색관광 산업이 활성화되는 효과까지 있었다. 비버와 같이 상징성이 강한 종들은 환경보호에 대한 대중의 관심을 끌어내는 데에도 중요한 역할을 하지만, 관광산업을 통해 프로젝트에 필요한 자금을 마련하는 데에도 도움이 될 수 있다.

그렇다면 무척추동물은 어떨까? 지역에서 자취를 감춘 무척추동물 종을 다시 방사하는 것도 리버킹이 될 수 있다. 그리고 실제로도 이러한 일이 일어나고 있다.

무척추동물은 빠른 속도로 많은 자손을 퍼뜨릴 수 있으므로 기회만 있으면 대형 동물보다 훨씬 빠르게 군집을 이룰 수 있다. 가령 진딧물은 매일 5~10마리씩 번식할 수 있고, 아프리카 장님 여왕개미는 한 달에 약 300~400만 개의 알을 낳을 수 있다. 게다가 무척추동물은 늑대나 비버처럼 사람의 손길이 많이 필요하지도 않다.

자연 속 무척추동물을 지키는 것도 물론 중요하지만, 한때는 드넓은 자연이 펼쳐져 있었으나 지금은 관목과 산울타리 일부, 작은 숲과 공원만 겨우 남은 도시에서 가까스로 살아가는 벌레를 보호하는 일에도 관심을 가져야 한다. 작은 공간을 재야생화하는 데에는 무척추동물이 대형 동물만큼이나 큰 도움이 될 수 있다.

## 칼레도니아 우림 생태계 속 불개미

불개미를 보면, 벌레들이 덩치는 작아도 자기가 맡은 일을 얼마나 멋지게 수행하는지 알 수 있다. 국제자연보전연맹IUCN, International Union for Conservation of Nature에서 적색목록으로 분류한 멸종위기종에는 불개미 두 종이 있다. 이들은 모두 스코틀랜드 칼레도니아 우림 Caledonian Forest에 사는 매우 중요한 토착 종으로, 이들의 개체 수를 늘리는 것이 이 지역의 최우선 과제다. 사회성 곤충인 불개미는 최대 50만 마리가 같이 군집을 이루어 사는데, 그중 대부분은 암컷 일개미이며, 여왕개미의 수명은 최대 15년이나 된다. 불개미의 개미집은 열, 공기 흐름, 수분을 효율적으로 관리하도록 설계된 것으로 유명하다. 예전에 아이들과 스위스의 어느 숲을 걷다가 거대한 불개미

언덕을 발견한 적이 있다. 우리는 집을 만들 재료와 먹이를 실어 나르는 개미를 구경했고, 개미들이 열심히 일하는 소리도 들었다.

불개미는 굉장히 다재다능하다. 그들은 땅 위나 나무에서 먹이를 구하기도 하지만, 진딧물을 키워서 당분, 산, 염, 비타민이 풍부한 진딧물의 단물을 먹기도 한다. 그 보답으로 개미는 딱정벌레와 기생동물 같은 포식자로부터 진딧물을 지켜준다. 불개미는 또한 지렁이의 일종인 덴드로드릴러스 루비더스Dendrodrilus rubidus와도 공생 관계를 유지한다. 개미집의 환경이 지렁이가 살기에 매우 적합한 데다가 식량도 풍부하기 때문이다. 대신 지렁이는 개미집에 곰팡이와 균류가 자라는 것을 막아준다. 개미집은 그 밖의 다른 종에게도 서식지를 제공하며(가령 녹색 장미풍뎅이 유충은 개미집 안에 있는 식물 찌꺼기를 먹고 산다), 개미가 떠난 후에도 땅속에 영양분을 공급하고 영양물질의 순환을 돕는다.[4]

또한 불개미는 희귀한 종인 캐퍼케일리capercaillie(큰 숲 뇌조) 등 숲에 사는 여러 동물의 먹이가 되며, 식물의 씨앗을 퍼뜨리는 중요한 역할을 한다. 숲에서 불개미가 사라지면, 숲의 생태계는 균형을 잃을 것이다.[5] 개미의 포식 활동으로 개체 수가 유지됐던 종이 통제를 벗어나면서 심각한 문제가 발생할 수 있다. 핵심종인 이 작은 불개미는 최근에야 비로소 그 중요성을 인정받기 시작했다. 칼레도니아 우림 프로젝트는 이를 연구하는 유용한 도구가 되고 있다.

지금까지 알려진 바에 의하면 개미는 가장 큰 협동 사회를 형성하는 동물이다. 개미는 수백 마일에 걸친 엄청나게 큰 '초군체super-col-ony'(군체란 같은 종류의 개체가 모여서 일을 분담하여 생활하는 집단)를 이루기도 한다. 남부 유럽에서 발견된 아르헨티나개미의 한 초군체는 대략 6,000km를 가로지르며 뻗어 있으며, 그 속에는 수백만 개의 개미집과 수십억 마리의 일꾼으로 이루어진 33개 개체군이 있는 것으로 추정된다. 게다가 과학자들은 서로 다른 군체의 아르헨티나개미를 함께 두어도 공격적인 태도를 보이지 않는 것을 보고, 아르헨티나개미의 초군체가 대륙을 가로질러 퍼져 있을 가능성도 있다고 밝혔다. 실로 놀라운 생명체가 아닐 수 없다.

## ── 리버깅 배우기

우리는 자연에 맞는 속도로 움직이는 법을 배워야 한다. 자선단체 '리와일딩 브리튼Rewilding Britain'의 대표 알라스테어 드라이버Alastair Driver는 리와일딩이 '초반에 속도를 내는 마라톤'이라고 표현했다. 리와일딩을 시작할 때 처음에는 특정 종을 방사 또는 제거하거나 특정 서식지를 재조성 또는 제거하는 등의 개입이 종종 필요하지만, 그다음에는 자연이 알아서 흘러가도록 내버려 두면 된다.

## 경작지

경작지에 야생화 구역과 연못, 작은 숲 등과 같이 '야생 공간'을 마련하면, 해충과 잡초 관리를 비롯한 여러 부분에서 이익을 누릴 수 있다. 해충의 자연 천적 중에는 꽃을 피우는 식물에 의존하는 동물들이 많으므로, 토지에 야생화를 두면 해충으로 인한 작물 피해를 줄일 수 있다. 나는 유기농법과 자연·환경보호에 초점을 둔 농법을 적용하고 있는 농부들을 많이 만나보았다. 그들은 네트워크를 만들어 야생동물을 위해 어떻게 하면 더 나은 방식으로 작물을 재배할 수 있을지 서로 배우고 연구하고 있다. 그리고 지금도 이 네트워크는 빠른 속도로 성장하고 있다.

   농업 생태학은 자연 자체를 생산의 핵심적인 도구로 삼는 농업 형태를 가리킨다. 유기농법과 같은 농업 생태학적 방식으로 농사를 짓는 농부들은 이로운 무척추동물을 키워서 영양소와 해충과 식물의 수분을 관리한다. 현재 많은 연구에서 작물 주변에 꽃을 피우는 식물 종을 두는 것이 여러모로 유익하다는 결과가 나오고 있다. 그중 한 프로젝트에서는 지중해 지역의 사과 농장 주변에서 사과나무를 해치는 진딧물 두 종의 자연 천적을 끌어들이기 위해 농장 주변에 꽃을 심었다고 한다. 그 결과 진딧물의 천적 다섯 종을 불러모을 수 있었다. 그중에는 진딧물에 알을 낳고 거기서 새끼가 부화하면 진딧물을 잡아먹는 포식기생자 말벌도 있다.[6]

리와일딩은 작물의 수분에도 크게 도움이 된다. 한 연구에 따르면, 4년간 밭의 남는 공간에 야생화를 심자 더 많은 작물이 열매를 맺었고, 베리의 수확량이 증가했다고 한다. 야생화 덕분에 꽃가루 매개자인 야생벌과 꽃등에가 증가하여 식물의 수분이 활발히 이루어졌을 뿐만 아니라, 해충 관리에도 도움이 되어 이전보다 많은 과일과 씨앗이 생산된 것이었다.[7] 수확량의 증가는 작물 대신 야생화를 심어서 발생하는 손해, 야생화를 심고 가꾸는 비용 등을 메우고도 남는다.

엄밀히 말하면 이것은 '리와일딩'이 아니라고 주장하는 사람들도 있을 것이다. 그리고 특히 경작지가 넓을 경우, 농장 내에 서식하는 이로운 곤충 수를 전체적으로 늘리는 데에는 이 같은 방법이 한계가 있을 수 있다. 그래도 나는 이것이 농부와 자연 모두에게 이로운 리버깅 전략이라고 생각한다.

## 국립공원

국립공원 내의 고유한 서식지들은 산호랑나비나 글로우웜glow worm 같은 몇몇 희귀한 무척추동물에게 꼭 필요한 공간이다. 딱정벌레의 일종인 글로우웜(날개가 없는 암컷은 식물에 기어올라 꽁무니에서 불빛을 내며 수컷을 유혹한다)은 현재 남부 잉글랜드에 있는 사우스 다운스 국립공원South Downs National Park에서 보호하고 있다.

한편 '트리 포 라이프Trees for Life'라는 보호 단체가 관리하고 있는 스코틀랜드의 칼레도니아 우림은 아주 오래된 숲이 우거져 있는 특별한 곳이다.[8] 벌레들의 환상적인 쉼터인 이곳에서는 2,500km²에 달하는 땅을 야생으로 복구하는 주요 리와일딩 프로젝트가 진행되고 있다. 지금까지 이곳에 백만 그루가 넘는 나무를 심었으며, 이 나무들은 앞으로 계속 자라고 훨씬 더 많아져서 자연스레 다시 숲을 이룰 것이다. 이렇게 재야생화한 쉼터에는 이미 딸기거미strawberry spider, 불개미, 검정좀잠자리, 은점선표범나비 등의 무척추동물이 돌아왔다. 복잡한 생태 서식지를 회복시켜 전체 생태계를 재건하려는 것이 프로젝트의 목적이다. 그들은 사람들이 자연을 즐기고, 자신의 정원이나 동네에도 나무를 심어서 리버깅에 참여해야겠다는 마음이 들도록 칼레도니아 우림을 대중에게 개방했다. 어쩌면 지역의 여러 커뮤니티도 자극을 받아서 지역 의회에 동네마다 '작은 숲'이나 과수원(4장 참고)을 만들자고 민원을 넣을지도 모르는 일이다.

그러나 때로는 이와 같이 공적으로 '운영되는' 공원의 재야생화 문제는 논쟁거리가 되기도 한다. 어떤 이들은 공원을 완전히 재야생화하여 자연이 스스로 관리하도록 내버려 두어야 한다고 주장한다. 공원을 조성하는 것이 최선의 방식인지, 그리고 그렇게 조성된 풍경이 정말로 인간과 자연의 조화를 보여주는 것인지, 이를 올바른 생물 다양성이라고 할 수 있는지 의문을 갖는 사람도 많이 있다. 그들은 가령 잉글랜드에서 가장 큰 레이크 디스트릭트 국립공원Lake District National Park의 경우, 재야생화를 할 때 양의 개체 수가 지금보다는 더 적은 상태로 시작해야 한다고 주장한다. 양은 풀을 뜯어 먹기 때문에, 그냥 자연에 맡겨뒀을 때보다 나무와 관목 같은 자연 초목의 성장이 저해될 수 있다는 것이다. 레이크 디스트릭트는 현재 유네스코가 지정한 세계유산으로 올라가 있다. 그 말인즉슨 지금처럼 양과 그와 관련된 농장 시스템, 문화, 공동체는 물론 수목이 별로 없는 풍경을 거의 그대로 유지해야 한다는 뜻이다. 이 논쟁이 어떻게 끝날지는 예측하기 어렵지만, 그러는 동안에도 이미 많은 공원에서 무척추동물을 위한 쉼터를 제공하고 있으며, 다양한 방식으로 리와일딩을 시도하고 있다.

어떤 지역을 보호하고 야생화할 때 중요한 것은 사람들이 자연과 더 끈끈한 관계를 맺게 하는 것이다. 사람들이 재야생화한 공간에 안전하고 쉽게 접근할 수 있다면, 리버깅을 위한 움직임을 일으키는 데에도 도움이 된다. 미연방에서 지정한 국립공원 63곳을 비롯한 훌륭한 자연공원은 무척추동물에게 완전히 다른 차원의 기회를 제공한다. 정부는 농업이나 다른 목적이 아닌, 야생동물을 위해 이 공간을 관리한다. 그 덕분에 그곳에 서식하는 무척추동물도 야생 상태로 남을 수 있고, 거의 80% 이상의 지역이 자연 그대로 유지되고 있다. 이러한 자연공원에는 무척추동물이 번성하기에 완벽한 조건을 갖춘 서식지들이 존재한다. 이는 대단히 훌륭한 자산이긴 하지만, 미국 내 다른 땅에서는 황량해진 대초원이 늘어나고, 자동차가 가득한 도시에서 많은 무척추동물이 기업적 농업, 오염, 개발로 거대한 압박에 짓눌리고 있는 것과는 극명하게 대비된다.

## 공원에서 만난 산호랑나비

아이들이 어렸을 때, 우리 가족은 영국의 노퍽과 서퍽 지역에 위치한 더 브로즈 국립공원The Broads National Park에서 휴가를 보낸 적이 있다. 우리는 배를 타고 천천히 돌면서 환상적으로 보존된 자연을 만끽했다. 그러다가 거기서 영국의 나비 중에서는 매우 희귀한 종인 화려한 무늬의 산호랑나비를 만났다. 날개가 최대 9cm까지 자라는 산호랑나비는 현재 영국 내에서는 이곳에서만 볼 수 있다. 성충이 알을 낳는 장소이자, 애벌레의 먹이가 되는 식물인 밀크 파슬리milk parsley가 남아 있는 유일한 곳이기 때문이다. 운이 좋게도 우리는 밀크 파슬리 위에 붙어있는 애벌레와 먹이를 먹고 있는 성충 나비를 둘 다 관찰할 수 있었다. 어린 두 아들이 나비의 변태에 대해 배울 수 있었던 소중한 기회였다. 더 브로즈 국립공원은 영국에서 보호하는 큰 습지 중 하나이자 세 번째로 큰 내륙 수로이며, 산호랑나비 외에

산호랑나비

도 흰집게발가재, 노퍽 호커 잠자리 등 영국에서 보기 힘든 희귀한 종들이 많이 서식하고 있다.

이번에는 알래스카에 있는 데날리 국립공원 및 보존지구Denali National Park and Preserve를 살펴보자. 아한대 기후에 해당하는 이곳에는 벌과 꽃등에 등의 무척추동물이 많이 서식한다. 이곳을 찾는 방문객들은 주로 회색곰을 보러 오지만, 다른 동물들도 그만큼 관심을 받을 자격이 충분하다. 최근 이 공원에서는 새로운 종의 호박벌이 발견되기도 했다. 꽃등에와 더불어 호박벌은 식물의 수분에 있어서 대단히 중요한 역할을 하는 핵심종이다. 데날리 공원의 회색곰, 카리부, 늑대는 모두 야생화와 관목을 먹이로 삼거나, 또는 그것을 먹는 동물을 먹이로 삼기 때문에, 벌레가 없으면 이들도 생존할 수 없다. 특히 회색곰에게는 벌이 꼭 필요하다. 회색곰의 주식 중 하나인 블루베리를 수분시키는 것이 바로 벌이기 때문이다. 알다시피 꿀벌은 전 세계적으로 위험에 처해 있다. 그러므로 야생식물과 농작물의 수분을 위해 호박벌과 같은 꽃가루 매개자를 보호하는 것이 매우 중요하다.

국립공원에 서식하는 야생동물에게도 물론 어려움은 있다. 사람이 많이 몰리는 시기에는 관광객 때문에 스트레스를 받을 수도 있고, 기후변화와 불법 사냥, 외래 유입종 등의 문제도 장소를 가리지 않기에 이들에게 위협이 될 수 있다. 그러나 이러한 장소가 있기에 우리가 자연 세계의 벌레를 보존할 수 있고, 또 벌레들이 얼마나 멋지고 훌륭한 일을 하는지 이해할 수 있는 것도 사실이다.

## 정원

자연과 더 친밀한 관계를 맺기 위해 우리가 할 수 있는 일에는 무엇이 있을까? 드넓은 토지나 국립공원뿐만 아니라, 집의 뒷마당이나 동네 공원에서도 리와일딩을 할 수 있다. 또한 내가 먹는 음식, 구매하는 제품도 리와일딩에 영향을 미칠 수 있다. 나는 인간의 개입을 최소화함으로써 자연이 스스로 회복하도록 두는, 규모가 큰 리와일딩도 응원하지만, 그 사이에 있는 모든 단계의 리와일딩 또한 지지한다.

### 정원에 사는 벌레들

해먹에 누워 한가롭게 게으름을 피우던 어느 여름날, 정원에서 둥지 구멍을 만들 빈 땅을 찾는 황갈색 애꽃벌을 발견했다. 그때까지도 내 정원이 얼마나 정돈되지 않았는지 진지하게 생각해본 적이 없었다. 그리고 며칠 후에는 재니등에가 찾아왔다. 포식기생자인 재니등에가 애꽃벌 알에 알을 낳는다는 사실을 알고 있었기에 별로 놀라지는 않았다. 금빛 털이 보송보송한 재니등에는 애꽃벌의 둥지 구멍 앞을 맴돌다가 엄청난 정확성과 기술로 잽싸게 자신의 알을 구멍 안으로 집어넣었다. 회색빛 런던에 있는 작은 정원에서도 생명의 순환이 일어나고 있었다.

아마 다들 공감할 텐데, 정원에 꽃을 심었을 때 벌이나 다른 꽃가루 매개자가 돌아오는 것을 발견하거나, 아무렇게나 내버려 둔 장작더미 안에 딱정벌레가 자리 잡은 것을 구경할 때면 이루 말할 수 없이 기쁘다. 정원 한구석을 다듬지 않고 내버려 두는 이 단순한 행동만으로도 우리는 자연을 관찰하고 탐색할 수 있는 기회를 얻고, 정원에 새로운 생태계를 들여올 수 있다.

유기농생산자협회Organic Growers Association는 정원이나 텃밭에 꽃과 채소를 같이 키우면, 애벌레를 잡아먹는 새, 진딧물을 잡아먹는 곤충 같은 이로운 야생동물을 불러모을 수 있다고 조언한다. 그들은

재니등에

화학물질을 사용해서 해충과 질병을 관리하기보다는 자연 친화적인 예방법과 경종법을 적용할 것을 장려한다.


## ── 새로운 변화의 시작

무척추동물과 그들의 역할에 대한 대중의 관심이 점점 커지는 것을 지켜보며 나는 무척이나 뿌듯했다. 곤충을 무서워하고 싫어했던 사람들이 벌레를 사랑하는 사람으로 바뀌고 있다. 내 친구들과 가족, 동료들도 정원에 꿀벌 호텔을 만들고, 야생화를 심고, 잔디밭을 깎지 않고 내버려 두기 시작했고, 풀밭에서 큰알통다리하늘소붙이 등의 벌레를 보거나 수입 깍지콩에서 이국적인 방패벌레를 발견하고는 사진을 찍어 이게 무슨 벌레인지 내게 물어보곤 한다. 덕분에 나도 벌레를 구별하는 기술이 좀 더 늘었다.

수백 년간, 헌신적인 벌레 관찰자들이 모여 여러 단체와 커뮤니티를 이루고, 자발적으로 벌레에 관한 소중한 자료와 그림을 남겨 준 덕분에 우리는 생물 종의 변화를 파악할 수 있었다. 그중에서도 특히 지난 10여 년간은 영국의 비 코우즈 캠페인Bee Cause Campaign과 미국의 웨스턴 모나크 카운트Western Monarch Count 등 여러 시민 과학 프로젝트를 비롯한 다양한 활동으로 벌레에 관한 대중의 관심이 급증했다. BBC 다큐멘터리 〈스프링워치〉와 같은 프로그램 역시 무척추동물의 다양성과 그들의 생애 주기와 역할 등에 관한 대중의 흥미를 불러일으켰다. 이처럼 일반 시민들 사이에서 벌레에 관한 관심이 늘어나면서, 벌레를 사랑하고 리버깅을 원하는 사람들 역시 점점 늘어나는 추세다.

한편, 버그라이프와 그 밖의 단체들도 여러 혁신적인 캠페인을 벌여 중요한 야생동물 서식지와 종을 보호하고, 이에 대한 대중의 인식을 높이는 데에 앞장서 왔다. 주로 젊은 층의 주도하에 전 세계적으로 일어나고 있는 새로운 운동인 '기후 파업Climate Strike'과 '멸종 반란Extinction Rebellion' 또한 기후변화와 더불어 곤충과 생태계의 파괴에 대한 관심을 불러일으키며, 변화를 촉구하고 있다.

## 무척추동물을 위한 초고속도로

어쩌면 당신은 깨닫지 못했을 뿐, 약간의 수리가 필요한 무척추동물 전용 고속도로 근처에 살고 있을지도 모른다. 영국의 단체들은 곤충을 위한 '초고속도로', 일명 B-라인 지도를 만들고 있다. B-라인은 야생화와 여러 자연 식물이 보존되고 있는 곳으로, 이곳을 통하면 곤충과 다른 야생동물들이 자유롭게 영국을 가로질러 새로운 서식지를 찾아 이동할 수 있다. B-라인으로 벌레를 위한 새로운 천국을 만들거나 회복시키려면, 지역 주민과 토지 소유주를 비롯한 모든 이들의 강력한 지원이 필요하다. 규모와 상관없이 만약 당신도 꽃가루 매개자들을 위한 녹지를 돌보고 있다면, 버그라이프 맵에 당신의 B-라인을 등록할 수 있다(buglife.org.uk/our-work/b-lines).

리버깅의 좋은 점은 누구나, 어디서든 참여할 수 있다는 것이다. 벌이나 박각시나방이 찾아올 수 있도록 작은 녹지를 꾸미는 것도 좋고, 벌레를 대하는 태도나 마음가짐을 바꾸는 것에서부터 시작해도 좋다. 벌을 시민으로 인정한 코스타리카의 어느 도시부터 런던의 텃밭 3,000곳을 자연을 위한 공간으로 만드는 놀라운 일까지, 모든 것이 가능하며, 이런 일이 지금도 실제로 일어나고 있다. 도심 속 녹지 조성은 얼마든지 가능할 뿐 아니라, 몹시 중요한 일이다. 책에서 소개하고 있는 '리버깅'이라는 말은 베네딕트 맥도널드Benedict Macdonald의 최근 저서 《리버딩: 영국과 영국의 새 리와일딩하기 Rebirding: Rewilding Britain and its Birds》에서 영감을 얻은 것이다. 베네딕트는 우리 주변에서 더 많은 새를 만나려면, 그보다 큰 동물들이 자신의 역할을 다하고, 자연을 다시 설계하고 되돌릴 수 있어야 한다고 주장한다. 새를 비롯한 멸종위기 종을 회복시키는 데 있어서 가장 중요한 핵심은 자연이 스스로 회복할 수 있도록 내버려 두는 것이다. 만약 우리가 새와 비버의 시선으로 자연을 볼 때 리와일딩을

더 잘 이해할 수 있다면, 벌레의 시선으로도 그렇게 하는 것이 바람
직할 것이다.


### 벌레 사진 찍기

스마트폰 카메라가 생기면서 애정을 담아 벌레를 관찰하는 일이 더
쉬워졌다. 내 핸드폰에 있는 사진은 상당 부분 런던에 있는 작은 정
원에서 찍은 것이다. 그 밖에도 게거미가 벌을 잡아먹는 극적인 순
간, 사랑스러운 재니등에, 눈부시게 멋진 남부 호커 잠자리, 거대한
불개미집 등 다양한 순간들을 사진으로 기록해놓았다. 관목이 우거
진 내 작은 정원에서 처음이자 아마도 마지막으로 박각시나방을 보
았을 때, 나는 약간 과하다 싶을 정도로 흥분했었다. 그리고 지금도
원할 때마다 그 사진들을 보며 큰 기쁨을 느낀다.

이렇게 벌레의 사진을 찍어두면 누구나 개인적인 추억을 간직할 수
있다. 스마트폰 카메라의 경우 숙련된 사진 기술이 없어도 꽤 괜찮
은 사진을 남길 수 있고 들고 다니기도 편해서, 시민 과학자가 되어
벌레 개체군을 조사하고 위기에 처한 벌레를 찾는 데에 도움을 주고
싶을 때도 매우 유용하게 쓸 수 있다.

더 많은 사람이 리버깅에 동참하기를 바라는 마음으로 이 책을 썼지만, 농부와 토지 관리자들이 리와일딩 운동이 기존의 삶의 방식을 빼앗아 갈지도 모른다는 두려움에 떨고 있는 것도 사실이다. 작물 재배와 같은 생존에 필수적인 활동을 위해 땅을 이용해야 하는 경우는 어떻게 해야 할까?

이 일을 하면서 만난 농부들은 대부분 리와일딩이 걱정스럽고, 다루기 어려운 문제라고 생각하고 있었다. 그들은 그동안 고생해서 농장을 돌본 노동의 대가를 최대한 보상받길 원했다. 공원을 관리하거나 리와일딩 운동을 하는 것은 누구에게든 선뜻 나서기 어려운 일이다. 그럼에도 자신이 속한 자연을 지키기 위해 노력하는 사람들이 많이 있다.

지금도 육류 섭취를 줄이고, 숲을 더 많이 조성하고, 자연 보전을 위해 농업에 규제를 가하는 문제에 대해 열띤 논쟁이 이어지고 있다. 소규모 농장을 운영하는 사람들에게는 특히 더 어려운 문제다. 식품업계가 농장에 지불하는 가격이 그 어느 때보다 낮아지고 있기 때문이다.

현재의 식품산업 체계는 개혁이 필요하다. 수익 대부분이 유통망으로 흘러가는 이 구조를 대폭 수정하여, 농부들이 노동의 대가를 제대로 받을 수 있게 보장해야 한다. 다행히도 이미 긍정적인 변화가 조금씩 일어나고 있다. 이제 농부들은 나무를 심고, 자연을 보호하고, 건강한 토양에 탄소를 저장하거나 특정 지역의 풍경을 보호하는 등 공익을 위해 행동할 의무가 있으며, 그럴 때 그만큼의 정당한 보상을 받게 된다. 2020년 영국에서는 농업 지원 구조를 재편성해, 농부들이 이러한 종류의 공적 '상품'을 제공할 때 적절한 보수를 지급받도록 하는 새로운 농산물 법이 등장했다.[9] 기후와 자연에 닥친 위기가 심화되면서 더 높은 수준의 행동과 그에 부합하는 정책이 생겨난 것처럼, 농업과 토지에 가해지는 요구와 압박 또한 늘어날 것이다.

## 리버깅의 이면

리버깅을 강조하는 이 책의 주제와는 완벽하게 맞아떨어지지 않는 말일 수 있지만, 사실 우리는 모든 장소에서, 모든 종류의 벌레에 대해서 리버깅을 할 수는 없다. 리버깅은 일부 벌레가 인간에게 가할 수 있는 위험을 무시하고, 무척추동물의 상호작용이 개인과 사회와 인프라에 미칠 수 있는 거대한 피해를 간과하자는 주장이 아니다. 물론 벌레가 자기 자신이나 새끼, 군집을 지키려는 것이 아닌 이상 일부러 우리를 해하지는 않는다. 그러나 자연의 균형이 깨어지면 무척추동물도 자연에 큰 위협이 될 수 있다.

말라리아, 수면병, 살모넬라와 같이 질병의 매개체가 되는 벌레들은 엄청나게 많은 사람을 병들게 할 수 있으며, 실제로 매년 수십만 명의 사람들을 죽음으로 몰아넣었다. 심지어 군대 전체가 벌레 때문에 멈추기도 했다. 12세기 몽골의 정복자 칭기즈칸이 그토록 거대한 제국을 이루었으면서도 유럽 전체는 침략하지 못한 이유가 바로 모기와 말라리아 때문이라는 말이 있다.[10] 말라리아만큼 위험한 병은 아니지만, 벌레가 물거나 쏘는 것은 여전히 세계 공공보건에 위협이 될 수 있으며, 알레르기 증상이 있는 사람들에게는 치명적인 결과를 초래할 수도 있다.

나는 주로 무척추동물이 작물이나 저장된 식품에 주는 피해에 관해 연구해왔다. 뜀벼룩갑충은 기름을 짤 수 있는 농작물의 수확량을 떨어뜨리고, 메뚜기 떼는 지역 전체의 작물을 휩쓸어버릴 수 있다. 그리고 작황이 좋지 않으면, 특히 저소득 지역에 심각한 경제적 피해를 주고 식량 부족 사태를 일으킬 수 있다.

그러나 이것은 복잡한 상호작용에 의한 것이다. 사실 이런 피해의 상당 부분은 우리가 취약한 농업 시스템을 발달시켜 온 탓도 있다. 지금까지 알려진 곤충 중에 작물에 중대한 해를 입히는 해충은 0.5%도 채 되지 않으며, 전체 작물의 5분의 1이 매년 논밭에서 또는 수확한 이후에 '농업 시스템'에 의해 사라지고 있다.

우리는 벌레와 선충이 작물을 망가뜨리지 못하도록 해마다 수십억을 써서 논밭과 숲과 과수원에 화학물질을 쏟아붓는다. 그러나 이는 오히려 해충이 번성하기 좋은 장소를 만드는 행위다. 드넓은 논밭에 열매의 크기, 수확량, 영양소 등을 기준으로 엄격하게 선별한 작물만을 한데 모아 재배한다. 거기에는 해충 포식자들을 위한 쉼터나 서식지는 거의 없다. 수익을 높이기 위해 개량된 가축을 커다란 우리에 빽빽하게 몰아넣고 키우는 목축 방식 또한 간디스토마(내장 안에 뿌리를 내리는 기생충의 일종)나 똥파리 구더기(양털을 감염시키고, 가축의 식욕 및 상태에 악영향을 끼칠 수 있음)와 같은 기생 벌레에 취약할 수밖에 없다.

이에 대응하기 위해서 작물의 종류를 자주 바꾸고, 생물학적 방제로 해충을 관리하고, 개체 수를 줄이며 더 강인한 자생종을 기르는 등과 같이 농업 생태학적 접근으로 돌아서는 농부들이 점점 늘어나고 있다. 앞으로는 이러한 접근이 예외가 아닌 표준이 되어야 할 것이다.

벌레가 우리에게 미칠 수 있는 피해를 고려하더라도, 벌레의 가치는 그 손해를 훨씬 능가한다. 그런데도 인간은 무척추동물이 살아가기에 너무나도 힘든 환경을 만들고, 종의 다양성과 개체 수를 위태로울 정도로 위협하고 있다. 이제 우리는 다시 그들을 되찾아와야 한다. 크고 작은 규모의 리버깅을 시도해야 한다. 무척추동물의 가치를 인정해야 하며, 미래 세대가 벌레에 대한 어린 시절의 애정을 잃지 않고, 벌레의 역할을 소중히 여길 수 있도록 도와야 한다.

## 리버깅을 위한 실천

가정, 마을, 지역사회, 길거리, 직장, 학교 등 우리 주변에서 벌레를 위해 할 수 있는 쉬운 활동이 있다.

- 친구와 가족, 그 밖의 주변 사람들에게 벌레에 관해 이야기한다.
- 주변 사람들에게 무척추동물 사진을 공유해 벌레에 대한 애정을 표현한다. 정원이나 풀밭에서 무척추동물을 발견하면 사진을 찍어서 소셜미디어에 올리자. 잘 찍은 완벽한 사진이어야 할 필요는 없다.
- 날아다니는 개미나 말벌이 나타나면, 그들을 싫어하거나 무서워할 이유가 전혀 없음을 알려준다.
- 아이들에게 벌레가 왜 중요한 존재인지 설명해준다. 할 수 있을 때마다 벌레를 찾아서 관찰하고, 벌레에 대한 생각과 느낌을 나눈다. 국립 곤충 주간National Insect Week 행사에 참여하거나, 버그라이프와 그 밖의 다른 단체에서 제공하는 훌륭한 자료 등을 활용하면, 아이들과 어떻게 리버깅에 임할지 영감을 얻을 수 있을 것이다.

여기서 좀 더 나아갈 수 있다면, 이렇게 시도해보자.

- 벌레 친화적인 식물을 심고 공원을 조성하는 지역 자선단체를 지지한다. 지역 공원을 관리하는 모임에 가입해서 살충제 대신 다른 방법으로 해충을 관리하고, 꽃을 심고, 잔디가 자라도록 내버려 두자고 의견을 낸다.

- 나무 주변이나 길가 풀밭 등 근처에 빈 토양이 있으면 꽃을 심는다.

- 직장에 야외 공간이나 옥상이 있으면, 거기에 꽃을 심어서 곤충들이 모여들 수 있도록 한다. 직장 동료들에게도 함께 가꾸기를 권하고, '잡초'가 벌레와 새들을 위한 먹이임을 설명한다.

- 학교에 다니는 학생이라면, 건물이나 주변 땅에 꽃과 과일, 채소를 키우자고 이야기해보자. 졸업한 후에도 계속해서 관리될 수 있도록 벌레나 곤충 동아리를 만드는 것도 좋다.

- 그레이트 브리티시 비 카운트Great British Bee Count(벌을 보호하는 운동)와 같은 무척추동물 보호 프로젝트에 참여한다. 흔히 볼 수 없었던 벌레를 발견하면, 곤충의 목격 사실을 기록하는 그룹에 자세한 내용을 전달한다.

- 지역 화훼단지나 화원과 이야기를 나누면서 화학물질 또는 토탄(이탄)을 사용하지 않고 식물을 키우기 위해 어떤 노력을 하고 있는지 물어본다.

- 살고 있는 지역에 꽃을 피우는 식물을 더 많이 심고, 농약 사용을 줄이며, 길가나 도로변 등에 꽃이 피었을 때 제초제를 뿌리거나 풀을 깎지 말자는 민원을 넣는다.

- 지역구 의원에게 벌레 보호를 위해 행동하라는 이메일을 보내고, 만약 그들이 제대로 대응하지 않는다면 면담할 수 있는 자리에 가서 목소리를 낸다.

- 당신의 연금이나 투자금이 산림 파괴로 알려진 회사 및 농약 제조 업체를 후원하고 있지는 않은지 확인한다. 환경에 도움을 줄 수 있는 윤리적인 투자 회사들도 얼마든지 있다.

# Chapter 4

•

# 공원과 도시
# : 주변 세계를 리버깅하기

집 근처에 녹지가 있으면 큰 기쁨을 누릴 수 있다. 나는 운 좋게도 가까운 곳에 훌륭한 과수원이 있어서 종종 방문해 오늘은 어떤 벌레가 있나 관찰하곤 한다. 2020년에는 난생처음으로 레드 벨트 클리어윙 나방red-belted clearwing moth을 마주쳤다. 그때 나는 뱀눈나비를 쫓고 있었는데, 뱀눈나비가 사과 열매에 살포시 내려앉는 순간, 검은 테두리에 투명한 날개, 두껍고 짙은 색 몸통에 붉은 띠를 하나 두른, 레드 벨트 클리어윙 나방의 독특한 모습이 내 눈길을 사로잡았다. 잔뜩 흥분한 나는 내가 아는 모든 사람에게 직접 찍은 사진을 공유하며 이 사실을 자랑했다.

2020년 코로나19로 영국이 봉쇄됐을 때도 나는 주변 녹지를 탐험하고, 내 작은 정원에서 어떤 벌레들이 집이나 먹이를 찾고 있는지 들여다보면서 매우 큰 즐거움을 느꼈다. 달팽이 수백 마리와 함께 열 종이 넘는 벌, 벌보다도 작은 매미충과 방패벌레, 늑대거미, 깡충거미, 애벌레, 꽃등에, 그리고 심지어 노란 줄무늬가 있는 커다란 맵시벌도 보았다. 3월 내내 붕붕거리는 소리가 정원에 가득했다.

도시화는 자연과 야생동물을 파괴하는 과정이 아닌, 생물 다양성을 보존하고 사람과 자연을 연결하는 도구가 되어야 한다. 연구 결과에 따르면, 초목의 양도 물론 우리가 발견하는 무척추동물의 수와 다양성에 영향을 미치지만, 각 지역에서 자라는 식물의 다양성 또한 매우 중요한 요인이다.

## ─ 도시에서 리버깅하기

대부분의 사람들은 집 근처에서 아주 작은 녹지라도 발견할 수 있을 것이다. 창틀에 놓인 화분이나 손바닥만 한 정원, 길가에 있는 좁은 풀밭일 수도 있고, 운이 좋으면 큰 공원이나 교외가 가까울 수도 있겠다. 정원이 따로 없는 도시인들에게는 공원이나 녹지 공간에 가는 것이 자연을 누리는 방법이다. 이런 곳들은 벌레에게도 몹시 중요하며, 작은 리버깅이 일어날 수 있는 이상적인 장소다.

　이러한 공간은 시민들이 기분 전환을 하며, 복지를 누릴 수 있는 아주 소중한 곳인 동시에, 야생동물 보호를 위해서도 꼭 필요한 장소다. 아무리 작은 곳이라도 녹지는 무척추동물이 살아가기에 가장 알맞은 공간이 되어줄 가능성이 크다. 도심 속 녹지 공간은 무척추동물이 먹이를 찾고, 집을 짓고, 번식할 수 있는 공간이자 새로운 서식지를 찾아 이동할 수 있는 통로 역할을 하므로, 무척추동물의 멸종을 막으려면 이런 공간이 더 많이 필요하다.

　최근 들어, 몇몇 연구에서 도심 속 휴식 공간이 생물 다양성 위기에 어떤 역할을 하는지 조사했는데, 놀랍게도 도시의 녹지 공간과 인프라가 무척추동물의 생애 주기에서 필수적인 역할을 하거나, 생애 주기 전체를 부양할 수도 있다는 결과가 나왔다.[1] 이러한 녹지 공간만으로도, 무척추동물이 집을 짓고 알을 낳을 수 있는 서식지, 먹이 자원, 이동 통로를 제공함으로써 자연이 번성하게 할 수 있다는 것이다. 즉, 높은 강도로 자연을 보전하는 보호구역뿐만 아니라, 자연이 존재하는 곳이라면 어디든지 도움이 되므로, 자연 공간을 더 많이 마련해야 한다고 결론 내릴 수 있다.

　이러한 공간은 시골에서도 단일재배와 과도한 농약 사용으로 갈 곳을 잃은 벌레에게 편안한 안식처가 되어줄 수 있다. 그러면 무척추동물 역시 이에 보답하여 식물의 수분, 영양소 순환, 씨앗 퍼뜨리기, 토양의 질 관리, 조류와 포유류 등 먹이사슬 상위 종의 먹이 되기 등 녹지 공간을 위해 꼭 필요한 역할을 수행할 것이다. 그리고 당연히 우리에게 기쁨도 준다. 팔랑팔랑 날아가는 나비를 보고 행복감을 느끼지 않을 사람이 있겠는가? 그러나 우리 삶에 꼭 필요한 작은 생물체를 위해 초록빛 땅을 마련하는 것이 얼마나 중요한지 이해하는 사람이 과연 얼마나 될까? 풀밭에서, 화단에서, 나무에서, 덤불에서, 얼마나 멋진 마법이 펼쳐지고 있는지 자세히 들여다보는 사람은 몇이나 될까?

길가의 풀밭에는 잡초를 없애겠다고 제초제를 뿌리고, 동물들이 살 만한 서식지는 주택과 도로, 상업 시설을 만들겠다고 전부 콘크리트로 덮어버리는 것이 지금 우리 도시의 현실이다. 무척추동물이 먹이를 구하고, 짝을 찾고, 알을 낳고, 집을 짓는 데에 필요한 서식지가 사라지고 있는 이유다.

## 벌레를 위한 공간

조금만 노력하고 지속적으로 보살핀다면 우리 주위에도 리버깅할 수 있는 공간이 많다. 작은 땅이라도 자연을 위한 공간이기만 하면 어디든지 가능하다.

- 사용하지 않는 땅과 황무지
- 공공 공원, 광장, 정원
- 묘지, 도시 근교의 땅
- 개인 또는 공동 정원
- 길가의 풀밭이나 가로수
- 골프장, 승마장
- 운동장이나 경기장
- 실외에 식물을 키우거나 벌 호텔 또는 벌레 호텔을 설치할 만한 공간(카페, 옥상, 주차장 등)이 있는 건물

지역 언론, 주민 모임 또는 지역 페이스북 그룹 등과 같은 소셜미디어를 활용하여 지역 사회와 기관도 이에 동참하도록 이끌자. 주변에 녹지 공간을 조성하는 것에 동의하거나 지지하는 사람들이 늘어날수록 벌레들이 좋아하는 공간이 다양하게 생겨날 것이다. 기업과 기관은 몇 가지 단순한 변화와 정기적인 노력만으로도 사무실과 매장, 식당 등을 좀 더 벌레 친화적인 공간으로 바꾸도록 지원할 수 있다.

다행히 최근에는 자연 친화적이고 덜 해로운 방법으로 잡초를 관리하자고 시에 요구하는 목소리가 점점 더 커지고 있으며, 심지어 잡초 관리가 정말로 필요한지를 재검토해야 한다는 의견도 나오고

있다. 과거에는 시에서도 풀밭이 제대로 관리되지 않아 보기 싫다거나 미끄러져서 다쳤다는 등의 민원을 피하고자, 시에서 관리하는 공터와 길가, 공원 등을 언제나 잡초 없이 깔끔하게 유지해야 한다는 압박에 시달렸다. 그러나 잡초가 무성한 풀밭이 보기에도 좋고 생물다양성에도 도움이 된다는 쪽으로 대중의 인식이 바뀌면서 좀 더 자연스러운 공간을 선호하는 분위기가 형성됐다. 제초제 사용과 잔디를 깎는 일이 줄거나 사라지면서 길가의 풀밭과 공원에 꽃과 벌이 많아지면, 공공 교육에도 큰 도움이 될 것이다.

이러한 움직임에 동참하려는 기관도 늘고 있다. 국제농약행동망Pesticide Action Network에서는 화학적 방제를 전혀 사용하지 않는 방법을 직접 보여주려고 '농약 없는 마을'을 운영하고 있으며[2], 영국 도로공사 또한 2020년 말, 곤충을 비롯한 여러 야생동물에게 서식지를 제공하기 위해 그들이 관리하는 수백 마일의 도로 옆 풀밭에 야생화가 마음껏 자라도록 내버려 두겠다고 발표했다.[3]

## 벌을 위한 공간

벌은 도심에서도 번성한다. 시골보다 좀 더 다양한 식물이 자라고, 아마도 농약에 노출될 위험도 적어서인지 오히려 도시에서 더 번성하기도 한다. 벌은 도심에서 자라는 식물의 수분에 몹시 중요한 역할을 하지만, 좋은 먹이를 구하고 안전하게 자신의 벌집을 찾아 돌아가는 데에 어려움을 겪고 있다. 미국 필라델피아에서 진행된 한 연구에서는 옥상 양봉장에 자리를 잡은 꿀벌들이 어떤 먹이 자원을 활용하는지 파악하기 위해 벌들이 가져오는 꽃가루의 종류와 시간에 따른 벌집의 무게를 측정했다. 그 결과, 도시의 꿀벌에게 가장 주요한 먹이 자원은 나무, 관목, 목질의 덩굴이었으며, 벌은 계절마다 다른 식물을 찾았다. 여기서 핵심은 꽃을 피우는 나무가 중요하다는 것이다. 그리고 꽃을 피우는 식물이 빠르게, 가득 채워지려면, 잡초가 무성한 공간을 유지해야 한다.

## ─ 정원에서 리버깅하기

도시의 정원은 자연, 특히 벌레를 불러모으고, 그들을 통해 새와 포유동물까지 불러모을 수 있는 멋진 공간이다. 자연 친화적인 정원을 가꾸기 위한 세 가지 원칙을 소개한다.

▸ 화학물질 사용을 피하고, 과하게 땅을 가는 등 토양의 균형을 깨뜨리는 일을 멀리한다(토양과 벌레를 지키는 '무경운 농법'에 대해서는 인터넷에 많이 나와 있으니 참고하자).

▸ 너무 깔끔하게 정돈하지 않는다(잡초, 통나무, 낙엽을 어느 정도 땅에

그냥 내버려 두고, 풀도 깎지 않는다).

‣ 꽃을 피우는 식물부터 작은 연못까지, 다양한 식물과 서식지를
가꾸고 조성한다.


## 벌레를 위한 안식처 만들기

집과 정원에 벌레가 좋아할 만한 서식지를 꾸밀 수 있다. 예를 들어
담장 위나 그 사이에 벌들이 살 수 있도록 구멍이 잔뜩 뚫린 벽돌을
놓아두거나, 속이 텅 빈 오래된 대나무 막대기를 두어 '벌레 호텔'을
마련해준다. 야생동물 단체나 화원에서 기성품을 구매할 수도 있다.
아이비를 키우면, 모든 것이 사라진 황량한 겨울 동안 많은 꽃가루
매개자에게 훌륭한 겨울 먹이를 제공할 수 있다. 오래된 통나무는
딱정벌레를 위한 안식처가 될 수 있고, 땅에 구멍을 파서 오래된 나
무를 몇 개 묻어두면 사슴벌레들이 좋아할 것이다. 몇 년이 걸리긴
하겠지만, 운이 좋으면 사슴벌레 유충이 그 아래에서 통통하게 자라
다가 어느새 위풍당당한 사슴벌레가 되어 나타나는 모습을 볼 수도
있다.

## —— 공동 정원이나 텃밭에서 리버킹하기

공동 정원이나 과수원, 시민 농장에 참여하는 방법도 있다. 이곳도 잘 관리하면 얼마든지 무척추동물의 주요 서식지가 될 수 있다. 도심에서 작물 키우기를 장려하는 단체 '캐피털 그로스Capital Growth'는 런던을 중심으로 하여, 무척추동물에 친화적인 텃밭 수백 곳을 운영하고 있다. 그들은 도시 농부로서 벌레를 불러모으기 위해 야생동물 친화적인 방법과 원칙에 따라 농사를 짓는다. 그 방법으로는 벌통을 놓아두어서 야생동물이 모여들게 하기, 건강한 퇴비 더미 만들기, 꿀이 풍부한 꽃 키우기 등이 있다.[4] 그들은 자신의 텃밭이 얼마나 야생동물 친화적인지 확인하기 위해 텃밭 안에 사는 이로운 곤충의 수를 세어보는 것도 우리 주변의 무척추동물을 더 잘 이해하는 좋은 방법이라고 이야기한다.

농업에서와 마찬가지로, 공동 정원에서 우리가 무엇을 키우는 지도 큰 차이를 가져올 것이다. 유기농법으로 다양한 식물을 재배하고, 정원 주변에 야생동물을 위한 공간을 마련해주면, 식물뿐만 아니라 벌레에게도 아늑한 안식처를 제공하게 될 것이다.

토양의 균형을 깨뜨리는 일을 최소화하고, 본 작물을 심기 전에 녹비작물(빈 땅에 생장이 빠른 식물을 심은 다음, 어느 정도 자라면 갈아엎어서 비료로 사용하는 작물)을 심어서 비료로 사용하는 것도 좋은 방법이다. 해충을 쫓을 때는 특정 식물을 활용한다. 가령 배추흰나비가 소중한 양배추 텃밭을 망치는 것을 막으려면 한련을 키우면 된다. 텃밭 또는 공동 정원 전체를 어떻게 조성하는지도 중요하다. 자생종 또는 비자생종 나무와 관목을 섞어서 키우거나, 음지, 연못, 작은 풀밭 등을 고루 조성해주면 좋다.

## ── 미래를 향한 희망

나는 앞으로 시민들과 지역 사회 그리고 정부가 벌레에게 이로운 쪽으로 변화를 만들어갈 것이라고 생각한다. 이미 많은 사람이 무척추동물의 생존과 번성을 위해 노력하고 있다. 벌 친화적인 마을을 만들려는 시도가 세계적으로 빠르게 퍼져 나가고 있으며, 공원에 벌레 호텔이나 꽃 쉼터를 마련하는 곳들도 많아졌다. 아마도 벌레들이 좋아할 만한 공간을 만들기 위해 몇몇 개인이, 학교가, 지역 공동체가 힘을 합쳐서 노력한 덕분에 얻은 결과일 것이다.

**무척추동물에게 유용한 식물**

벌레를 위해 1년 내내 식물을 심으면 더 다양한 종을 불러모을 수 있

고, 벌레들이 버티기 힘든 계절을 보내는 데 도움을 줄 수 있다.[5]

- 봄: 월플라워wallflowers(꽃무), 민들레, 풀모나리아pulmonaria, 산사나무, 꽃사과는 이른 시기에 꿀과 꽃가루를 제공하는 좋은 자원이 된다.
- 여름: 펜넬, 전호 등의 미나리과 식물과 서양톱풀은 꽃등에와 풀잠자리가 좋아하는 식물이다. 꿀을 깊숙이 빨아 먹는 꿀벌은 라벤더, 마조람, 파셀리아를 좋아하고, 부들레아buddleia, 스카비오사scabious, 박하꽃은 빨대처럼 길쭉한 구기를 가진 나비에게 적합하다. 해바라기는 거미가 거미줄을 치기에 매우 좋은 공간을 제공할 수 있다.
- 가을: 갯개미취, 헤더, 달리아, 아이비는 늦은 시기에 꿀과 꽃가루를 공급하며, 훌륭한 쉼터가 되어준다.
- 저녁에 향기를 내는 식물: 인동덩굴, 재스민, 스위트 로켓은 모두 나방에게 알맞은 식물이다.
- 발코니와 화분: 보리지, 로즈마리, 타임과 같이 먹을 수 있는 관목과 허브를 키우면 좋다.
- 다양한 크기의 연못(아주 작은 연못도 무척추동물에게 물을 제공해주며, 좋은 서식지가 될 수 있다): 백수련, 노랑꽃창포, 동의나물, 물수세미(물에 산소를 공급함), 자라풀 모두 훌륭하다.

## 골프장 리버깅하기

형태가 다른 공원이라도 잘 관리하면 사람과 야생동물 모두에게 더 나은 환경이 될 수 있다. 골프장을 예로 들어보자. 골프장은 인간이 오락용으로 사용하는 토지의 가장 대표적인 예로, 단조롭게 손질된 잔디와 울타리는 무척추동물은 물론 종종 사람까지 배제한다. 세계에는 약 2만 5,000곳이 넘는 골프장이 있으며, 매년 새롭게 지어지는 곳도 많다.[6] 실로 어마어마한 크기의 땅이다. 자연을 위해 이곳에 더 많은 서식지를 조성하도록 설계한다면, 수질오염, 관개, 화학물질 유입을 줄일 수 있을 것이다.

골프장은 특히 덤불이 많고 작물을 키우지 않는다는 점에서 무척추동물을 위한 공간으로 가꾸기 좋다.[7] 우리는 골프장이 좀 더 자연에 가까운 조경을 갖추도록 요구해야 한다. 게다가 골프 코스는 쓰레기 매립지, 채석장, 나지 등과 같이 퇴화한 땅에 지어질 수 있으므로 더더욱 관심을 가져야 한다. 그 규모를 생각하면, 사실 나는 모든 골프장이 벌레의 개체 수와 다양성을 최대한 증가시키는 방향으로 설계되어야 한다고 생각한다.

어느 카페에서 속이 텅 빈 튜브를 한데 모아 벌들이 알을 낳을 수 있도록 벌 호텔을 만들어둔 것을 본 적이 있다. 벌은 그 안에 꽃가루를 모은 다음, 곧 태어날 새끼 벌을 보호하려고 나뭇잎 조각과 진흙으로 입구를 막아두었다. 그 입구와 거기서 갓 태어난 새끼 벌을 구경하다 보니 말로 표현할 수 없는 행복감이 몰려왔다. 요즘은 공원에 야생화가 자라는 것을 그냥 내버려 두는 도시도 점점 더 늘어나고 있다. 그 덕분에 우리는 말끔히 손질된 단조로운 잔디밭 대신 훨씬 다양한 색채와 향기로 가득한 자연과 벌레를 즐길 수 있게 됐다.

## 도시에서 작물 재배하기

'인크레더블 에더블Incredible Edible'은 2008년 영국의 작은 도시 토드 모던에서 몇몇 친구들끼리 모여 시작한 프로젝트다. 이들은 작물을 함께 재배하는 것이 도시 및 지역 사회가 서로 연결되어 있음을 보여주기 위한 좋은 방법이며, 사람들이 버려지거나 황폐해진 땅에서 작물을 재배하면서 많은 것들을 배울 수 있을 것이라고 생각했다. 프로젝트를 시작한 후, 지역 주민부터 학교, 기업, 기관들까지 이에 동참하기 시작했다. 그 과정에서 그들은 소방서 공터나 길가 풀밭처럼 다소 의아하고 예상치 못한 장소에서 작물을 기르고 소비하는 것이 지역 사회를 더욱 튼튼하게 만든다는 사실을 발견했다. 2021년 기준으로 영국에만 148개 그룹이, 세계에는 1,000개가 넘는 그룹이 인크레더블 에더블 프로젝트에 참여하고 있다. 참여자들은 유기 농법에 따라 생물학적 방제로 해충을 관리하고, 늘 자연을 염두에

둔 채 신중하게 작물을 재배하며, 지역 사회에 자연과 관련된 지식을 알리는 일도 한다. 이 역시 리버킹을 위해 꼭 필요한 부분이다. 아무것도 없던 땅에 꽃과 나무, 관목을 심고 토양을 건강하게 가꾸다 보면, 꽃등에, 벌 등의 꽃가루 매개자와 지렁이가 늘어나 자연이 점점 회복될 것이다.

## 도시에서 나무 심기

'과수원 프로젝트The Orchard Project' 역시 내가 응원하고 있는 프로젝트다. 이 프로젝트의 목표는 영국 시내 모든 가정에게 걸어갈 만한 가까운 거리에 열매를 많이 맺는 잘 관리된 과수원을 만들어주는 것이다. 정말로 놀라운 목표다. 게다가 그들은 과수원을 자연 친화적인 방법으로 돌보고, 토종 과일과 견과류를 많이 키우기 때문에, 그 과정에서 자연스럽게 벌레를 위한 공간도 많이 생겨날 것이다.

과수원은 원래 재식성(부패하는 나무에 사는) 무척추동물 400종을 비롯한 여러 무척추동물이 매우 선호하는 서식지다. 사슴벌레, 왕남가뢰, 아름답고 희귀한 노블 풍뎅이noble chafer 등이 그 예다. 과수원 프로젝트를 통해 자원봉사자와 수습 농부들은 야생동물을 위한 공동의 과수원을 관리하는 법을 배운다. 미래의 리버킹 운동을 이끌어갈 인재를 육성하는 셈이다. 훗날 그들은 지역 사회와 더불어 새로운 과수원을 만들거나, 도움이 필요한 과수원을 복구하는 일에 뛰어들 것이다. 이 프로젝트의 핵심 원칙은 누구나 참여하고 즐길 수 있다는 것이다. 한 분야의 전문가여야만 참여할 수 있는 것은 아니다.

유럽의 도시 전체에 나무를 심어 자연 공간을 조성하자는 새로운 개념인 '작은 숲Tiny forest' 운동 또한 최근 들어 전성기를 맞이한 듯하다. 이 운동은 일본인 식물학자 미야와키 아키라에게서 영감을 얻은 것이다. 미야와키는 도심 한복판에 자연 공간을 조성하고 탄소 저장(기후변화를 막기에 언제나 좋은 방법인)을 위해 일본 등에 1,000곳이 넘는 작은 숲을 만들었다. 영국 최초의 작은 숲은 2020년 옥스퍼드셔에서 도시에 사는 야생동물의 감소를 막으려고 만든, 테니스 코트 크기만 한 숲이었다. 약 60평쯤 되는 땅에 참나무, 층층나무 등의 자생종 나무 600그루를 심었다.[8] 지역 자원봉사자와 지역 의회 그리고 세계적인 자선단체 어스워치Earthwatch가 함께 노력하여 일군 성과였다. 네덜란드에서는 이미 이러한 작은 숲이 많이 조성됐으며, 보고에 따르면 작은 숲이 불러모은 동식물이 무려 수백 종에 이른다고 한다.

벌레의 중요한 서식지가 개발되는 것을 막는 더욱 강력한 법이 제정되고, 좀 더 자연 친화적인 방향으로 도시 설계가 이루어지기를 바란다. 그래서 소중한 녹지에 건물과 도로가 들어서는 일이 줄어들고, 벌레와 상생하는 도시 풍경이 펼쳐졌으면 좋겠다. 들판이나 풀밭 등의 벌레 서식지를 보호하는 사람들에게 효과적인 보상을 제공하는 것도 하나의 해결책이 될 수 있다. 예를 들어 중요한 야생동물 서식지에 건물을 짓길 원하는 개발자에게는 다른 곳에 그보다 더 나은 서식지를 조성한다는 조건으로 개발을 허가하는 등 다양한 방식으로 인센티브를 제공할 수 있다.

### 리버깅을 위한 실천

1분 만에 실천할 수 있는 간단한 방법을 소개한다.

- 집에 거미나 다른 벌레가 나와도 그냥 놓아준다. 개미, 나방, 거미 등을 퇴치하고 싶으면 화학물질 대신 무척추동물을 해치지 않는 방법을 사용한다.

- 가능하면 집에서 살충제를 사용하지 않는다. 문이나 작은 틈, 금 간 곳, 창문으로 벌레가 들어오지 못하게 막고, 벌레가 꼬일 만한 음식은 밀폐 용기에 보관하는 등 살충제를 대체할 만한 다른 방법을 활용한다.

- 벌레가 들어올 만한 구멍에 비눗물, 계피, 레몬, 후추 스프레이를 뿌린다. 박하를 키우는 것도 좋은 방법이다. 꼭 벌레를 죽여야겠다면, 화학물질 대신 뜨거운 물이나 옥수숫가루(벌레를 질식시킴)를 붓는다.

- 옷을 망가뜨리는 옷좀나방의 습격은 해결하기 쉽지는 않지만, 인터넷을 검색해보면 옷을 얼려서 알과 유충을 제거하거나, 시더우드나 라벤더와 같이 나방이 싫어하는 향을 활용하는 등 여러 팁을 찾아볼 수 있다.
- 벌레를 다 없애지 말고, 진딧물과 먹파리를 조금 남겨두자. 무당벌레, 풀잠자리, 새가 그 벌레를 먹고 살면서 알아서 번식해, 대가도 받지 않고 지속적으로 해충 관리 서비스를 제공해줄 것이다.
- 야외에서 벌레를 구경해보자. 곤충을 발견하는 가장 좋은 방법은 아무것도 하지 않는 것이다! 그냥 가만히 앉아 있다 보면 어느새 벌레가 나타날 것이다.
- 민들레 등 토종 야생화를 남겨둔다. 정원에 어떤 무척추동물이 방문할지는 여러 요인에 따라 다르지만, 정원이 어지러울수록, 꽃 피우는 식물과 벌레가 숨을 만한 공간이 많을수록, 화학물질 사용과 인위적인 개입(과도한 풀 깎기와 잡초 뽑기 등)이 적을수록 좋다.
- 정원, 창가의 화분, 시민 농장, 발코니 등을 너무 깔끔하게 정돈하지 말자. 곤충은 잡초를 좋아한다. 부패하는 나무와 낙엽을 좋아하는 무척추동물도 있다. 이렇게 하면 정원 가꾸는 시간도 아낄 수 있어 좋다.

시간을 더 들일 수 있다면 이렇게 해보자.

- 정원이 따로 없고, 식물을 기를 공간이 발코니, 현관, 창가밖에 없다면 개박하, 제라늄, 알리숨, 라벤더 등의 꽃을 키우자. 지나가던 벌레가 잠시 쉴 수 있는 안식처가 되거나, 중요한 먹이 자원을 제공해줄 수 있을 것이다.

- 농약 없이 정원을 가꾼다. '가든 오가닉Garden Organic' 같은 유기농 원예 연구 단체를 통해 훌륭한 팁을 얻을 수 있다. 근처에 시민 농장이나 공동 정원이 있으면, 유기농법으로 야생에 가까운 공간을 마련함으로써 이로운 곤충과 다른 무척추동물을 불러모으고, 해충과 잡초를 관리하여, 리버깅에 동참할 수 있다.

- 주변에 작은 면적이라도 풀밭이 있다면, 풀이 무성하게 자라도록 내버려 둔다. 그곳은 무척추동물을 위한 쉼터가 되어줄 것이다. 풀과 잡초가 꽃을 피우도록 둔다면 더 좋다. 이는 많은 벌레에게 훌륭한 먹이 자원이 되어줄 것이다.

- 농약이나 화학비료 없이 직접 채소와 과일을 기른다. 꽃이 피면, 곤충에게 먹이와 서식지가 되어줄 것이다.

- 잡초를 반드시 제거해야 하는 상황이라면, 손으로 뽑거나 뜨거운 물 또는 식초를 부어서 제거한다.

- 퇴비 더미를 놔두면 딱정벌레, 개미, 지네, 달팽이, 지렁이, 노래기 등에게 좋은 서식지는 물론 온기와 먹이를 제공해줄 수 있다.

- 정원을 가꾸거나 화분에 식물을 키울 때는 다음 해에 심을 씨앗을

남겨서 보관한다. 직접 거둔 씨앗이나 유기농 인증을 받은 씨앗(농약이나 화학비료 없이 생산된 씨앗)을 사용하면 자연에 가해지는 화학적 부담을 줄일 수 있다. 이웃끼리 씨앗을 나누는 행사가 있는지 찾아보고, 없으면 직접 시작해보자.

• 펫 숍 또는 화원에서 구매한 외래 동식물종은 자생종에 큰 위협이 될 수 있으므로 절대 야생에 방생하지 않는다. 함부로 외래종을 들여와서도 안 된다. 식물을 구매할 때에는 직접 기른 식물에서 씨앗을 거둬서 판매하는 곳을 이용하는 것이 가장 이상적이다.

• 집에서 만든 퇴비나 유기농 비료로 토양의 질을 높인다. 땅속에는 지렁이, 곤충 등 많은 무척추동물이 산다. 빈 땅을 너무 많이 두지 않도록 주의한다. 비가 많이 오거나 바람이 세게 부는 날에는 토양이 유실될 수 있기 때문이다. 너무 자주 땅을 가는 것도 토지의 균형을 흐트러뜨릴 수 있으므로 좋지 않다.

• 넵 캐슬, 케언곰스 국립공원 등과 같이 리와일딩 프로젝트가 진행되는 곳에 방문해본다. 종종 내부 숙박시설을 개방할 때가 있는데, 그때 방문하면 현재 그곳에서 번성하고 있는 무척추동물들을 관찰하면서 묵을 수 있다. 그간 600종이 넘는 무척추동물이 발견된 것으로 기록된 넵 캐슬에서는 희귀한 번개오색나비, 보라금풍뎅이 등을 볼 수 있다.

더 나아가서 다음과 같은 방법도 도움이 된다.

- 집 근처나 직장, 마을 녹지 공간 등에 야생화를 심으면, 무척추동물이 먹이를 구하고 새끼를 낳는 데 매우 큰 도움을 줄 수 있을 것이다. 꿀이 풍부한 꽃, 허브, 풀을 우선으로 하고, 지역에서 자란 자생종 나무와 식물을 선택하자. 겹꽃 식물은 꽃가루와 꿀이 적거나 없는 경우가 종종 있으므로 피한다. 정원에 심을 식물들을 고를 때에는 1년 내내 적어도 한 가지 식물은 꽃을 피우도록 조성하는 것을 목표로 한다.

- 나무, 산울타리, 관목을 심는다. 이는 무척추동물이 먹이를 구하고, 숨고, 서식하고, 안전하게 이동하는 데에 매우 중요한 역할을 한다. 직접 나무를 심기가 어렵다면 지역에서 주최하는 활동에 참여한다. 현재 많은 도시에서 기후위기와 환경문제에 대응하기 위해 나무 심기를 계획하고 있으며, 이를 담당하는 부서도 생길 것이다. 또는 지역 공원을 관리하는 모임에 들어갈 수도 있다.

- 화학비료를 구매하는 대신, 벌레 사육장을 이용해서 액체 비료와 퇴비 더미를 직접 만든다. 온라인으로 줄지렁이 알을 구매할 수 있다. 지렁이를 비롯한 땅속 벌레들은 음식물 찌꺼기를 소중한 액체 비료와 비옥한 퇴비로 바꿔주는 탁월한 재능이 있다.

- 연못을 조성한다. 아무리 작아도 연못은 그 자체로 수생 벌레를 위한 중요한 서식지이자 많은 무척추동물이 목을 축이는 좋은 장소

가 될 수 있다. 상당수의 무척추동물이 물에서 살거나, 먹이를 구하거나, 알을 낳는다.

- 야생동물 단체나 과수원 프로젝트 등과 같이 무척추동물의 서식지를 개선하는 활동을 펼치는 지역 단체에 가입한다.

## Chapter 5

•

# 기후변화와 환경오염
# : 리버깅을 위한 더 큰 과제

우리는 벌이나 개미, 지렁이, 늑대거미, 톡토기 등 전체 생태계 유지에 중요한 역할을 하는 핵심종이 위험에 처해 있다는 사실을 알고 있다. 무척추동물을 위한 공간을 조성하는 것은 그것이 크든 작든, 매우 큰 도움이 될 것이다. 그리고 심지어 그에 따라 멸종하는 종과 그렇지 않은 종이 나뉠 수도 있다. 그러나 사회에 작용하고 있는 여러 권력과 이해관계 때문에 우리가 이 모든 문제를 뒤집으려면 좀 더 힘을 합칠 필요가 있다. 인류는 너무나 오랫동안 기후와 자연에 엄청난 악영향을 끼쳐왔고, 물, 공기, 토양을 매우 심각하게 오염시켰다. 무척추동물의 멸종을 불러온 깊고 복잡하게 얽힌 요인들을 제거하려면, 개인뿐만 아니라 국제적이고 국가적인 차원의 움직임이 필요하다. 게다가 이 문제에는 거대한 기득권까지도 연관되어 있다. 과연 우리는 어떻게 올바른 조치를 취하고 잘 대응할 수 있을까?

영국에서는 나비, 벌, 개미, 쇠똥구리가 가장 피해를 많이 입은 곤충으로 알려져 있으며(이는 단순히 어떤 종에 초점을 맞추고 연구를 진행했는지가 반영된 결과일 수도 있다), 일부 잠자리 종과 날도래를 포함한 네 가지 수생 곤충 무리 또한 사라진 것으로 확인됐다. 사람들은 대개 서식지가 매우 한정적이거나 특정한 먹이만 먹는 종이 환경 변화에 빠르게 대응하지 못해서 사라지면, 환경에 쉽게 적응할 수 있는 종이 그 빈자리를 메울 것으로 생각한다. 물론 먹이와 서식지가 한정적인 종이 사라지고 있는 것도 사실이다. 그러나 더욱 걱정스럽게도, 일반적이고 흔하게 볼 수 있는 종들 역시 빠른 속도로 감소하고 있다.

가장 긍정적인 자료를 기준으로 봐도, 전 세계 곤충의 생물량은 연간 2.5%씩 줄어들고 있다.[1] 이는 꽤 충격적인 수치다. 그러나 우리는 여기서 조금 더 자세히 알 필요가 있다. 지금 나와 있는 분석 결과들은 아직 불완전하며, 연구 범위도 지나치게 한정적이다. 정확한 분석을 막는 큰 원인 중 하나는 몇몇 연구들이 일부 지역에서 파악한 결과를 전국 혹은 세계의 추세인 것처럼 확대 적용하기 때문이다. 이러한 방법으로는 변화의 본질을 파악하지 못한다. 실제 생물량의 변화는 국가별로, 심지어 같은 나라 안에서도 지역별로 크게 다를 것이다. 그렇기에 지나친 추정은 오해를 불러일으킬 수 있다. 이처럼 무척추동물의 감소에 관해 정확히 파악하기가 쉽지 않아서, 곤충 중에서도 아주 적은 일부만이 장기 추적 연구의 대상이 되고 있다. 또한 다는 아니지만 많은 연구들이 어느 정도는 필연적으로, 연구 자금을 댈 수 있는 서북부 유럽에서 주로 이루어졌다. 즉, 지금 우리는 무언가 이상이 있다는 것은 알고 있지만, 그에 대한 정보와 지식은 턱없이 부족한 상태다.

## ── 기후변화가 불러온 재앙

인간이 초래한 기후변화가 우리 모두에게, 그리고 특히 우리가 의존하고 있는 무척추동물에게 미칠 영향을 고려하면, 기후변화는 인류의 생존을 위협하는 문제다. 내가 환경 운동에 몸담았던 지난 30년 간 기후변화는 인류 전체가 직접적으로든, 간접적으로든 노력해야 하는 최우선 과제로 떠올랐다.

　　무척추동물은 몸집이 작으므로 기온 변화 및 기상이변, 가뭄, 강우 패턴의 변화에 매우 취약하다. 부피 대비 표면적이 넓어서, 밀랍 같은 외피 등의 보호장치가 있어도 쉽게 수분을 잃고 마른다. 무척추동물의 성장 역시 기온에 따라 크게 영향을 받는다. 영국의 로담스테드연구소Rothamsted Research에서 40년간 흡입 포획 장치로 파리를 잡아서 연구한 결과, 파리의 정점 비행 시기가 1974년에는 7월 23일이었으나 2014년에는 7월 6일로, 평균 14일가량 앞당겨진 것으로 밝혀졌다.[2] 그뿐만 아니라 관찰되는 파리의 수도 3분의 1이 줄었다. 이러한 변화는 결국 조류의 생태에도 연쇄적인 영향을 미칠 것이다. 파리는 조류의 중요한 먹이 자원이므로 적절한 시기에 충분한 수가 확보되어야 한다. 이처럼 새와 곤충 개체 수 감소 사이에는 종종 밀접한 상관관계가 나타난다. 파리의 생애 주기와 개체 수에 나타난 이 같은 변화는 다른 여러 연구에서도 확인되고 있으며, 그 주요 원인으로 기후변화가 꼽힌다.

## 놀라운 제왕나비

아메리카에 서식하는 아름다운 제왕나비의 운명이 큰 관심을 얻고 있다. 성충이 된 제왕나비는 겨울을 보내기 위해 플로리다와 멕시코에서부터 북아메리카 서부까지, 수천 마일이나 되는 어마어마한 거리를 날아서 이동한 후 거기서 알을 낳는다. 그러나 지난 수십 년간, 북아메리카 서부에서 겨울을 나는 제왕나비의 수가 1980년대와 비교했을 때 1%도 안 되게 급격히 줄어들었다. 심각하게 낮은 수치다.

기후변화, 산림 파괴, 서식지 감소 등이 전부 원인이 될 수 있다. 물론 살충제도 여기 해당한다. 최근 캘리포니아에서 제왕나비의 주요 먹이인 박주가리가 농약에 얼마나 오염됐는지를 조사했는데, 그 결과 박주가리에서 64가지 농약 잔여물이 검출됐다.[3] 이 물질이 제왕나비에게 유독한지에 관해서는 거의 연구된 바가 없지만, 우리가 벌레를 제대로 돌보지 않고 있다는 사실만큼은 명확하다.

기후변화는 바다에 사는 작은 벌레인 동물성 플랑크톤에도 영향을 끼친다. 동물성 플랑크톤에는 현미경으로 봐야 할 만큼 작은 종들이 포함된다. 가령 다양한 바다에서 많은 수가 발견되는 작은 새우처럼 생긴 크릴이 여기에 해당한다. 동물성 플랑크톤은 식물성 플랑크톤의 개체 수를 조절함으로써 먹이사슬 하단에서 매우 중요한 부분을 차지한다.[4] 플랑크톤은 생태계와 영양소 순환, 해류, 어업에 핵심적인 역할을 하지만, 최근 조사에 따르면 10곳 중 8곳에서 개체 수가 감소한 것으로 나타났다. 기후변화로 인한 해수면 온도 상승이 주원인으로 추정된다.[5] 식물성 플랑크톤이 온실가스를 흡수한다는 사실까지 고려한다면, 두려움은 더욱 커진다. 만약 우리가 플랑크톤의 균형을 무너뜨리면, 이산화탄소를 줄여주는 그들의 능력에도 영향을 미칠 것이다. 무섭고도 암울한 악순환이다.

꽃을 피우는 식물에 꼭 필요한 호박벌 역시 기온이 과도하게 높은 날이 지속됨에 따라 피해를 받고 있다. 지나치게 더운 날이 잦아지면서 북아메리카와 유럽 전역에서 호박벌이 사라진 곳이 점점 늘어나고 있다. 이는 곧 벌의 군집이 줄어들고, 한 지역에 서식하는 종의 다양성이 파괴되고 있음을 뜻한다. 그리고 이러한 결과는 호박벌에 의존하는 다른 동식물에도 더욱 광범위한 영향을 미치게 될 것이다. 앞으로도 평균 기온은 계속 상승하고, 기온이 매우 높은 날이 많아질 것인데, 어쩌면 우리는 복슬복슬하고 귀여우면서, 생태계에서 매우 중요한 역할을 하는 이 호박벌이 지구에서 완전히 사라지는 것을 보게 될지도 모른다.[6]

기후변화에 의해 피해를 입는 것은 곤충뿐만이 아니다. 주로 곤충에만 초점을 둔 기사가 많은 것을 보면 때로는 안타깝다. 지렁이와 거미 같은 다른 중요한 동물에게 닥친 위기도 만만치 않게 우려스럽기 때문이다.

## 전문 토양 기술자, 지렁이

개인적으로 지렁이는 사랑하지 않을 구석이 거의 없는 존재라고 생각한다. 몸집은 작아도 엄청나게 중요한 역할을 하는 지렁이는 생태계 유지를 돕는 진정한 핵심종이다. 지렁이의 종류는 약 7,000종으로 매우 다양하다. 좋은 토양을 기준으로 1헥타르당 약 400만 마리의 지렁이가 그 속에서 땅을 파고, 먹이를 먹고, 번식하며 바쁘게 살아간다. 지렁이는 미생물을 도와 직간접적으로 토양 내에 영양소를 공급하는데, 이는 작물 수확량을 25%나 증가시키는 효과를 가져온다. 지렁이는 토양이 수분을 머금을 수 있도록 만들어주며, 식물 찌꺼기를 소화하고 배출해 토양의 탄소 저장량을 높인다. 인류가 '지렁이 로봇'을 만든다고 해도 이렇게나 많고 복잡한 역할을 대체할 수 있을지 감히 상상하기 어렵다.

그러나 안타깝게도 현재 많은 나라의 농경지에서 지렁이의 개체 수가 감소하고 있다. 이에 대응하기 위해, 최근 35개국에서 연구원 141명이 모여서 '지렁이 세계지도'를 만들었다.[7] 세계 곳곳의 지렁이 종류, 개체 수, 생물량을 측정하여 지도로 만든 것이다. 그들은 기온과 강우량이 지렁이에게 미치는 영향을 밝힘으로써, 기후변화가 지렁이와 그들이 생태계에 제공하는 서비스에 심각한 결과를 가져올 것임을 보여주었다. 반수생半水生, semi-aquatic 동물인 지렁이는 생존하려면 충분한 수분이 필요하기에 기온과 강우량에 영향을 많이 받는다. 그들은 지렁이 개체 수 감소의 가장 유력한 원인이 토양의 균형을 깨뜨리는 집약적 농업과 화학물질 사용이라고 밝혔다.

또 다른 핵심종인 쇠똥구리 역시 기온에 민감하게 반응한다. 쇠똥구리는 토양의 구조를 좋게 해주고, 동물의 배설물을 처리하는 등 중요한 일을 하는 필수적인 존재다. 그러나 기온에 이상이 생기면 쇠똥구리는 기껏 굴린 쇠똥을 버리며, 번식 활동에도 어려움을 겪는다.[8] 토양의 질을 개선하고 영양소를 순환시키는 쇠똥구리가 사라지면, 가축을 키우는 들판에는 그야말로 재앙이 펼쳐질 것이다.

## 기후변화는 거미를 공격적으로 만든다?

거미 역시 우리가 좀 더 그 중요성을 인지하고 고마워해야 하는 동물이다. 거미는 송곳니와 8개의 다리가 있으며, 그중에서는 털이 난 종도 많이 있다. 사실 몇몇 위험한 종도 있긴 하지만, 거미에게는 독특하고 흥미로운 특징이 있다. 현재까지 확인된 종만 약 4만 8,000여 종으로, 거미는 지구상의 거의 모든 서식지에 적응하여 살고 있다. 어떤 종은 정전기를 일으켜서 일종의 비행을 하기도 한다 (1장 '전기로 뛰어오르기' 참고). 포식자이자 먹잇감으로서 먹이사슬에서 필수적인 역할을 하는 거미는 식물의 수분 또한 상당 부분 책임지며, 실크를 뽑아낼 줄도 안다.

기후변화 때문에 거미가 더 크고 공격적으로 변했다고 주장하는 일부 연구도 있다.[9] 거미에게 공격성이 나타난 이유는 아마도 그 연구 대상이 열대저기압 지역에 서식하는 사회성 곤충인 꼬마거미 무리이기 때문일 것이다. 사이클론과 같이 극단적인 기상 현상이 자주 일어나는 지역에 사는 동물들의 경우 온화한 기후에 사는 종과 비교했을 때, 공격적인 형질을 가진 개체가 생존 가능성이 더 크다. 사이클론이 휩쓸고 간 뒤 새로 군집을 이루려면 다른 개체를 힘으로 억눌러야 하기에 이런 결과가 나왔을 가능성이 높다. 이 연구를 진행한 연구원들은 거미를 관찰하려고 폭풍우 속으로 직접 뛰어들었다고 한다. 거미를 연구하겠다는 의지와 열정이 가히 인상적이다. 어쨌든 그들은 기후변화와 기상이변이 잦아짐에 따라 공격적인 거미가 암컷에게 선택될 확률이 높아지므로, 시간이 흐르면 결국에는 거미가 좀 더 공격적으로 변할 것이라는 결론을 제시했다.

한편 북극의 툰드라지대에서 늑대거미를 대상으로 진행한 또 다른 연구에서는 기후변화로 봄이 더 일찍 찾아오고 여름의 평균 기온이 상승하면서, 암컷 거미가 몸집이 더 커지고, 알도 많이 낳게 되었다고 밝혔다. 날씨가 따뜻하다는 것은 먹잇감이 풍부하다는 뜻이다. 먹잇감이 풍부해지면 거미 개체군의 밀도가 증가하게 된다. 그런데 늑대거미는 먹이도 많이 먹지만, 동족은 물론 자신의 새끼도 잡아먹는다. 늑대거미는 북극의 핵심적인 무척추동물 포식자이므로 그들의 개체 수와 활동의 변화는 전체 먹이그물에 심각한 영향을 미칠 수 있다. 늑대거미가 특히 좋아하는 먹이는 균류를 먹고 사는 톡토기다. 만약 늑대거미의 개체 수가 증가해서 더 많은 톡토기를 잡아먹으면, 그로 인해 균류가 증가하여 식물 찌꺼기의 분해가 빨라지고, 온실가스 배출량이 늘어나 생태계에 중대한 영향을 미칠 것이라 예상할 수 있다.

그러나 한 연구에 따르면, 실제로는 그와 정반대되는 일이 일어났다. 거미가 늘어나자 오히려 거미에게 잡아 먹히는 톡토기의 수가 줄어들었고, 결과적으로는 톡토기가 늘어나 더 많은 균류를 먹어 치워 균류의 분해 활동이 줄어들었다.[10] 암컷 거미가 일반적인 먹이 대신 새끼 거미를 더 많이 잡아먹은 것이 한 가지 원인이라고 설명할 수 있다. 먹이그물은 정말로 아름답고 복잡하게 얽혀 있다. 우리 인간은 이제야 겨우 이 사실을 이해하기 시작했으면서도, 어떤 위험이 다가올지도 모른 채 생태계를 뒤흔들고 있다.

늑대거미

**능숙한 방직공, 거미**

연구원들은 복잡한 거미줄을 생성하는 특정 거미 종을 연구하던 중, 거미 다리에 독특한 빗살 구조가 있어서 실크 섬유가 서로 엉키는 것을 막아준다는 사실을 발견했다. 실제로 거미의 다리털을 밀고 나니, 섬유가 엉겨 붙었다. 현재 실험실에서 인공 나노 섬유를 다루는 연구원들은 나노 섬유가 자꾸 장비에 들러붙는 문제 때문에 골머리를 앓고 있는데, 이 연구 결과를 통해 거미의 빗살 구조를 활용하여 섬유가 뭉치는 것을 방지하는 기술을 개발할 수 있을 것이다.[11]

## — 환경오염의 결과

인간은 강과 바다에, 토양에, 대기에 유독한 혼합물질을 배출해왔다. 온실가스로 인한 기후변화와 더불어, 농장과 가정에서 사용되는 농약, 제초제, 살충제 등의 화학물질부터 자동차와 가축으로 인한 대기오염, 하수 폐기물과 영양염류로 인한 수질오염에 이르기까지, 온갖 오염 문제가 무척추동물을 괴롭히고 있다.

환경오염은 벌레를 죽이는 직접적인 원인이 될 수도 있지만, 벌레의 길 찾는 능력이나 번식하는 능력을 떨어뜨리는 등 만성적인 영향을 미칠 수도 있고, 벌레가 의존하는 식물이나 먹이 자원을 망가뜨려서 피해를 줄 수도 있다. 가령 미국에서 널리 사용되는 제초제는 제왕나비가 알을 낳는 식물인 박주가리를 없애버렸다.

환경오염이 생물 다양성을 해치는 주요 요인이라는 근거는 많다. 세계 최고 수준의 여러 전문가들은 해안 생태계에 침출된 화학비료 때문에 400곳의 바다에 총 24만 5,000km²가 넘는 '데드존'이 형성되었다고 말한다. 규모로 따지면 영국 전체보다 큰 셈이다. 또한 1980년 이후로 플라스틱 공해가 10배 증가했으며, 산업시설에서 배출된 중금속과 용제, 유독성 폐기물 등의 각종 쓰레기가 매년 거의 3~4억 톤가량 물속으로 버려지고 있다고 한다.[12] 이 모든 요소가 무척추동물이 사는 환경에 재앙을 불러올 것이다. 그에 따라 앞으로 지구에서는 가장 강인한 종들만 생존하여 번성할지도 모른다.

영국에서는 환경청에서 오염 관련 자료를 수집·분석하고 있다. 해마다 차이가 있기는 하지만, 최근 평가 결과에 따르면 심각한 또는 중대한 수준의 오염이 점점 증가하고 있는 것으로 나타난다. 무척추동물을 위협하는 심각한 수질오염의 원인으로는 농업이 가장 주요하지만, 생수 공장 또한 상당 부분을 차지하고 있다.

## 기후변화에 맞서기 위한 핵심 지침

- 정부는 산업, 교통, 난방, 토지 사용 등으로 발생하는 온실가스를

줄이려는 움직임을 보여야 하며, 대기오염과 지구온난화는 국경을 넘나드는 문제이므로 반드시 국제적인 협력이 필요하다.

- 탄소 저장을 위한 나무 심기, 화석 연료를 대체할 새로운 에너지 작물 재배하기 등과 같이, 기후변화에 맞서기 위해 토지에 새로운 변화를 줄 때도 무척추동물과 그들의 서식지에 피해를 주지 않는 선에서, 그게 어렵다면 적어도 피해를 최소화하는 방향으로 이루어져야 한다. 예를 들어 나무를 심겠다고 이탄지(토탄이 퇴적된 땅) 같은 벌레의 주요 서식지를 건드리거나, 석유 대체재로 야자유를 쓰겠다고 말레이시아 우림을 밀어버리는 일은 없어야 한다. "올바른 자리에 올바른 나무를." 이 말은 원래 원예와 수목 관리에서 기본이 되는 원칙이지만, 리버깅과 리와일딩에도 적용할 수 있다.
- 농업은 온실가스 배출량을 줄이고, 토양과 나무에 탄소를 저장하는 역할을 해야 한다.
- 시민들 또한 생활 속에서 온실가스 배출과 탄소 발자국을 줄일 수 있도록 올바른 지원을 받아야 한다.

농약 사용량은 전 세계적으로 계속 증가하고 있다. 그러나 농약을 사용할 시 해충을 없애려다가 도리어 야생동물을 죽일 수도 있고, 그들의 먹이와 식물 서식지, 먹이 자원을 제거함으로써 간접적으로 좋지 않은 영향을 미칠 수도 있다. 유엔식량농업기구에서 조사한 국가별 자료에 따르면, 1헥타르당 사용되는 농약량(단위 Kg)은 1990년대 이후로 전 지역에서 증가해왔다. 농약 잔여물은 토양과 강과 바다를 오염시킨다. 그리고 이제야 겨우 파악하기 시작한 문제이지만, 화학물질끼리 만나서 전혀 예기치 못한, 만성적인 시너지 반응을 일으킬 가능성이 있는 것도 고려해야 할 사항이다.

농약을 계속 사용하면 표적 종의 체내에 내성이 생기기 때문에 농약의 쳇바퀴에서 벗어나기가 쉽지 않다. 해충이나 잡초에 내성이 생겨서 농약이 제 기능을 못 하면, 사람들은 더 강력한 농약을 개발하는 데에 힘쓴다. 이렇게 악순환이 계속된다. 공공 보건에도 심각한 영향을 미칠 수 있는 문제다. 실제로 말라리아의 매개체인 모기는 아프리카에서 주로 사용되는 살충제에 점점 내성이 생기고 있다.[13] 지나치게 농약에 의지하는 농업 방식 역시 일반적인 방제에 내성을 가진 해충과 잡초를 만들어내고 있다. 자연은 농약에 저항하는 방향으로 진화하고 있으며, 언젠가는 아예 통제 불능이 될지도 모른다. 식품과 섬유의 생산 방식을 바꾸지 않으면 앞으로 우리는 식량의 빈부격차를 경험하거나 심각한 식량 부족 사태를 맞게 될 것이다.

## 흰개미로부터 배우는 협력의 기술

작은 무척추동물이 사회적 항상성을 이용해 효율적인 공동생활을 하는 것을 보면 놀랍다. 흰개미와 같이 사회적 군집을 이루고 사는 곤충은 마치 세포들이 힘을 합쳐서 인체의 내부 환경을 일정하게 유지하는 것처럼, 기온과 습도 등의 군집 환경을 유지하기 위해 서로 협력한다. 항상성 유지는 에너지를 소비하므로 당연히 가장 효율적인 방법을 찾아가기 마련이다. 그 결과, 흰개미는 각자 자신이 맡은 일을 수행하며, 내부 환경을 완벽하게 조절할 수 있는 매우 정교한 개미집을 짓게 됐다.

기후변화로 기온이 상승하는 상황에 처한 우리는 벌레로부터 유용한 교훈을 얻을 수 있다. 무척추동물은 주변 환경에 피해를 주지 않으면서도 오랫동안 생존해왔다. 그렇다고 이들의 규모가 작은 것도 아니다. 브라질의 어느 서식지에서는 평균 18.3m 간격으로 세워진 약 2억 개의 흰개미 언덕이 발견됐다.[14] 이 거대하고 오래된 흰개미 도시는 규모가 약 23만 km²로, 거의 영국 전체 크기와 맞먹는다. 그중 몇몇 언덕은 무려 4,000년도 더 전에 지어진 것이었다. 그런데 놀랍게도 이 언덕들은 전부 땅속에서 거대한 네트워크를 이루고 사는 '하나의 군집'이었다. 즉, 각각의 개체가 협력해서 안정적인 환경을 조성한 하나의 군집이 한 곳에서 오랫동안 유지되어 온 것이다.

잉글랜드의 노팅엄대학교에서는 이러한 흰개미집의 구조를 인간의 건축물에 어떻게 적용할 수 있을지 연구하고 있다.[15] 예를 들어, 통로와 굴, 관을 복잡하게 조합하여 만든 흰개미집의 기체 교환 및 환기 시스템을 인간의 건축 구조물에 적용하면, 에너지 소비가 큰 기존의 냉난방 시스템보다 더 나은 대안을 찾을지도 모른다.

흰개미집

## ── 외래 유입종의 침략

2020년 미국에서는 처음 발견된 아시아 장수말벌, 일명 '살인 말벌'에 대한 이야기를 들어봤을 것이다. 장수말벌이 세계에서 가장 큰 말벌이며 매우 무섭게 생긴 것은 맞지만, '살인'이라는 별칭이 붙을 정도는 아니다. 영국에는 그보다는 좀 더 작은 아시아 말벌이 있는데, 2004년 중국에서 우연히 유입되어 현재는 유럽 전역에 퍼져서 문제를 일으키고 있다. 미국의 아시아 장수말벌도, 영국의 아시아 말벌도 멋진 곤충이지만, 단지 잘못된 장소에 흘러들어 왔을 뿐이다. 그러나 그 결과는 엄청나다. 매우 살벌한 곤충 포식자인 말벌은 영국의 토종벌과 그 밖의 다른 무척추동물을 죽음으로 몰아넣었다. 말벌은 꿀벌의 벌집 밖에 자리를 잡고 있다가 집을 드나드는 꿀벌을 잡아서 잘게 조각낸 후, 즙이 풍부한 가슴 부분은 자기 집에 있는 새끼 말벌들에게 먹인다. 벌은 말벌을 쏘지 못하므로 처음에는 속수무책으로 당하는 수밖에 없었지만, 현재 몇몇 종은 말벌을 뜨겁게 달궈서 죽이는 법을 터득하기도 했다(나중에 더 자세히 살펴볼 것이다).

해외에서 유입된 종과 질병은 정교하게 균형을 이루고 있는 먹이사슬을 심각하게 교란하고 파괴할 수 있기 때문에 야생동물에게 가장 큰 위협이 된다. 영국에는 3,700종이 넘는 외래 동식물이 존재한다. 세계의 무역과 교통이 발달하면서 외래종의 수는 점점 더 늘어나고 있다. 그들이 새로운 서식지로 이동할 수 있도록 우리가 도와주고 있는 셈이다. 외래종에 대한 기록은 지난 50년간 무려 50%나 증가했다.

그러나 외래종의 침입을 막기가 쉽지는 않다. 색채가 화려한 할리퀸 무당벌레는 토종 무당벌레는 물론 그들의 먹잇감까지 잡아먹는다. 토종 무당벌레가 진딧물이나 다른 해충을 통제하는 데에 얼마나 효율적인지는 잘 알려진 사실이므로, 외래종의 침입을 환영하는 사람은 아무도 없다. 그러나 이미 곳곳에 퍼져서 정착한 외래종을 통제하기란 여간 까다로운 일이 아니다. 한 마리씩 잡아서 죽이

장수말벌과 꿀벌

기에는 그 수가 너무 많고, 농약을 쓰기에는 이로운 토종 무당벌레까지 죽이게 될 것이기 때문이다. 우리가 할 수 있는 일은 이들 사이에서 새로운 균형이 형성되기를 기다리는 수밖에 없는 듯하다.

근본적인 해결책은 외래종이 유입될 수 있는 물품을 거래할 때 더욱 주의를 기울이는 것이다. 그리고 모든 사람이 이러한 위험을 인지할 수 있도록 강력한 캠페인이 대대적으로 이루어져야 한다. 국내의 화원, 이상적으로는 농약 없이 자생종을 키워서 판매하는 화원을 지원함으로써 사람들이 안전하고 쉽게, 원하는 식물을 구할 수 있는 통로를 제공하는 것도 큰 도움이 될 것이다.

## 나미브사막거저리가 물을 구하는 지혜

물은 생존의 가장 기본적인 조건이다. 기후변화로 인해 가뭄과 기상이변이 잦아지면서, 적은 에너지로 물을 구할 수 있는 새로운 방법을 찾는 것이 중요한 과제로 떠오르고 있다. 이러한 상황에서 우리에게 몇 가지 유용한 통찰력을 제공하는 무척추동물이 있으니, 바로 엄청나게 건조한 장소인 아프리카 나미브사막에 사는 거저리(딱정벌레류)다. 이 작은 딱정벌레는 공기 중에서 수분을 끌어내는, 믿을 수 없이 놀라운 행동학적·생리학적 방법을 터득했다.[16]

추운 아침, 대서양으로부터 몰려온 안개가 자욱하게 퍼지면, 이 곤충은 모래언덕 꼭대기로 올라가서 바람을 등진 채로 물구나무를 선다. 일명 '안개 일광욕fog-basking'이라고 부르는 자세다. 거저리의 밀랍 같은 외골격과 오돌토돌 돌기가 난 등은 대기에 닿는 표면적을 넓혀서 아침 안개로부터 수분을 모으기 쉽도록 설계된 것이다. 등에 맺힌 물방울은 작은 수로를 통과하듯 등을 따라 흘러내려서 거저리의 입으로 들어간다. 미국의 매사추세츠공과대학교 학자들은 나미브사막거저리를 통해 기존의 방식보다 더 저렴하면서도 효율적이고 내구성이 좋은 수분 추출 방식을 새롭게 개발하고 있다.

## ─ 인공적인 환경: 소음공해, 광공해, 와이파이/5G

나는 우리의 생활방식이 무척추동물에게 새로운 위협이 되고 있음을 알고 난 후 경각심을 느꼈다. 더군다나 앞으로는 그 강도가 점점 심해질 것이므로 우리는 이러한 잠재적 문제를 더 잘 이해할 필요가 있다.

### 빛이 너무 많다?

인공조명이 많아지고 그 밝기가 세지는 현상은 무척추동물의 자연적인 행동과 생활 주기를 흐트러트릴 수 있다.[17] 주요 꽃가루 매개자인 나방은 깜깜한 밤에 인공조명에 이끌리며, 수생 곤충들 역시 수면을 밝히는 빛 때문에 혼란을 겪는다. 밤새도록 거리를 밝히는 가로등과 같은 인위적인 빛의 패턴은 벌레들의 활동과 움직임을 조절하는 '빛-어둠 생체리듬'을 교란하여, 벌레가 먹이를 구하고, 번식하고, 이동하는 것을 저해한다. 그로 인해 다른 개체와 어울리는 일이 줄어드니 자연스레 번식 횟수도 줄어든다. 세계 곳곳의 연구에서 인공조명이 달팽이나 진딧물 등의 무척추동물에 미치는 부정적인 영향이 확인됐으며, 이에 대해 대책을 마련할 필요가 있다고 이야기하고 있다. 예를 들어 시에서는 가로등에 타이머를 설정하고, 스펙트럼이 좁은 LED 등과 같이 곤충에게 덜 자극적인 조명을 써서 자극과 눈부심을 최소화할 수 있다.

## 소음이 너무 많다?

소음공해에 관한 한 연구에서는 소라게가 집을 선택할 때 소음에 크게 영향을 받는다고 밝혔다.[18] 새로운 집을 찾는 소라게에게 소음을 들려주자, 소라게는 평소보다 빠르게 껍데기를 대충 탐색한 후 안으로 들어갔다. 꼼꼼하게 살펴보지 못한 탓에 질 낮은 껍데기를 집으로 선택할 경우, 이것이 소라게의 생존에도 위협이 되리라는 것은 불 보듯 뻔하다. 소음은 놀라울 정도로 심각한 환경 오염원이며, 다행히 현재는 세계 여러 나라에서 이를 중요한 문제로 인지하고 있다. 벌레는 소음을 감지할 뿐만 아니라 의사소통하는 데 소리를 이용한다. 과학자들은 최근에야 인간이 만들어낸 소음이 무척추동물에게 어떤 피해를 주는지 파악하기 시작했다.

2019년, 소음공해의 영향을 조사한 100여 건의 연구 자료를 검토한 결과에 따르면, (절지동물과 연체동물을 포함한) 대부분의 종이 소음에 반응했다.[19] 이는 곧 소음공해의 영향력이 우리 생각보다 더 파괴적일지도 모른다는 점을 시사한다. 소음은 동물의 발달, 신체적 기능, 행동에 영향을 미친다. 귀뚜라미, 여치, 메뚜기처럼 장거리에서 소리로 의사소통하는 곤충들은 특히 더 민감하게 반응한다. 진동을 이용해서 구애 활동을 하는 거미를 대상으로 한 어느 연구에서는, 0~4kHz(호루라기 소리 같은 높은음)의 백색소음이 거미의 구애 성공 확률을 감소시킨다는 사실을 확인했다. 더 많은 연구가 필요한 영역이긴 하지만, 무척추동물에 심각한 피해를 주는 중대한 오염원을 우리가 그동안 간과해왔을지도 모른다는 것만큼은 분명하다. 벌레를 되찾아오려면 우리가 좀 더 조용한 환경을 만들어줘야 하는 것은 아닐까?

## 벌레 와이파이

많은 무척추동물이 이미 그들만의 '와이파이'를 쓰고 있다. 특히 사회성 곤충은 수백만 개체가 모여서 하나의 생명체처럼 움직이는 '초유기체Super organism'를 이루며, 페로몬, 소리, 촉감, 시각적 자극 등의 다양한 수단을 통해 의사소통한다. 예를 들어 꿀벌은 벌집 가까운 곳에서 먹이를 찾았을 때 '원형 춤'을 춰 다른 벌들에게 근처에 꿀이 있음을 알리며, 좀 더 먼 거리에서 먹이를 찾았을 때는 '8자 춤'을 춰 그 꿀이 구체적으로 어디에, 어느 정도 떨어져 있는지를 전달한다. 벌은 페로몬을 쓰는 능력도 뛰어나다. 새끼(유충)는 꽃가루를 더 많이 찾아오도록 자극하는 페로몬을 분비하고, 성충은 벌집에 위험을 경고하는 페로몬을 분비한다. 나는 이러한 꿀벌의 먹이 찾기나 전투 행동을 자극하는 화학물질과 신호를 알아내기 위해 어느 여름, 내리쬐는 태양 아래에 자리를 잡고 앉아서 벌집을 드나드는 벌의 수를 센 적이 있다. 내게는 잊을 수 없는 행복한 시간이었다.

개미 역시 이러한 도구들을 매우 효율적으로 사용해서 얼마든지 복잡한 의사소통을 할 수 있다. 개미가 활용하는 각각의 화학적 신호나 기타 신호는 특정 일개미에게 무슨 일을 할지 전달할 수 있게 설계되어 있어서, 명확한 역할 분담을 가능하게 한다. 일부 경영 전문가들은 이를 팀워크 관리의 훌륭한 사례로 보고, 분명한 역할 분담이 조직 협력의 핵심이라고 이야기하기도 한다.

## 스마트폰이 곤충을 익히고 있다?

사람들 대부분은 우리가 쓰는 핸드폰과 와이파이 신호가 무척추동물을 해치고 있을지도 모른다는 사실을 잘 인지하지 못한다. 핸드폰과 와이파이 신호가 생성하는 전자기장EMF, electromagnetic fields은 기본적으로 눈에 보이지 않는 에너지 또는 방사선의 원천이다. 이에 노출된 벌레는 전자기장을 흡수해 몸이 뜨거워질 수 있다. 와이파이 신호는 현재 야외에서 전자기장을 만드는 주요 원인이며, 우리가 옛날 저주파 핸드폰(2G, 3G, 4G 신호와 와이파이)에서 더 높은 주파수의 핸드폰(5G 등)으로 옮겨갈수록 그 영향은 점점 커질 것이다. 최신 시스템에 더 큰 에너지가 들어가므로, 벌과 같이 체구가 작은 동물들의 신체 온도를 높이는 효과 역시 증가할 것이다.

이러한 이슈를 다룬 초기 연구에서 연구원들이 금풍뎅이, 양봉꿀벌, 사막 메뚜기, 호주의 침 없는 벌에 흡수된 전자에너지를 조사한 결과, 6GHz 이상의 주파수(5G 이상)는 곤충을 최대 370%까지 뜨겁게 만드는 것으로 나타났다.[20] 진짜 곤충이 아니라 모형을 썼던 것이 천만다행인 결과다. 그렇다면 사람들의 사랑을 듬뿍 받을 뿐만 아니라 경제적으로도 중요한 꽃가루 매개자인 양봉꿀벌이 이러한 주파수에 계속 노출된 채로 하늘을 날면 어떻게 될까? 연구원들은 전자기장이 일벌, 수벌, 유충, 여왕벌에 미치는 영향을 시뮬레이션을 통해 알아보았으며, 실제로도 벨기에의 한 벌집 근처에 에너지를 노출하여 실질적인 피해 수준을 측정했다.[21] 그 결과 전자기장의 주파수가 아주 약간만 높아져도 양봉꿀벌이 흡수하는 에너지는 390~570%가량 증가할 수 있다는 결론이 나왔다. 오랫동안 전자기장에 노출될 경우, 체온의 증가로 곤충의 행동, 신체적 작용, 형태에도 변화가 일어날 수 있다. 다시 한번 말하지만, 전자기장의 영향은 아직 좀 더 연구가 필요하다. 그럼에도 추측하자면, 훨씬 높은 주파수를 사용하는 5G가 널리 보편화할수록 우리는 어쩌면 벌과 다른 벌레들에게 눈에 보이지 않는 살충제를 뿌리고 있는 것일지도 모른다.

### 리버깅을 위한 실천

일주일에 하나 혹은 한 달에 하나라도 리버깅을 위한 활동을 할 수 있다면, 이렇게 해보자.

- 해로운 화학물질 사용을 줄인다. 화학물질은 결국에는 배수관으로 흘러가거나 정원을 오염시킬 것이다.
- 반려동물 벼룩·진드기 방지제가 필요할 때는 수의사에게 네오니코티노이드 성분이 없는 방지제를 달라고 요청하고, 정기적인 미용과 목욕, 빗질과 같이 물리적인 방법으로 벼룩과 진드기가 생기는 것을 방지한다.

- 청소를 할 때는 생분해성 세제를 사용하거나, 옛날 방식이긴 하지만 저렴하고 효율적인 대체재인 식초나 베이킹소다를 사용한다. 강력한 화학물질이 배수관으로 흘러 들어가서 물을 오염시키고 무척추동물을 해치는 결과가 일어나지 않도록 주의한다.
- 저조도 조명을 사용하고, 필요할 때에만 불을 켠다.
- 정원에 어두운 공간을 남겨두고, 조명의 위치는 최대한 낮게 둔다. 태양광 조명은 저렴할 뿐만 아니라 이상적인 부드러운 빛을 낸다.
- 할 수 있으면 5G 핸드폰 사용을 피하고, 그게 어렵다면 가급적 사방이 막힌 곳에서만 사용한다.

여기서 좀 더 나아갈 수 있다면, 벌레 보호 운동가가 되어보자.

- 생활 속 온실가스 배출량을 최대한 줄인다. 비행기나 자동차 대신, 걷거나 자전거, 대중교통을 이용한다.
- 가정에서 에너지 사용을 줄이고, 지속 가능한 식단을 따르며, 음식물 쓰레기를 줄이고, 쓰레기를 재활용한다. 이는 무척추동물을 비롯한 모든 생물체에 도움이 되는 방법이다.
- 벌레를 위한 환경보호 단체에 가입한다. 책 뒷부분에 추천할 만한 단체가 소개되어 있다. 만약 지역 단체에 소속되어 자연 보호 활동을 하고 있다면, 멤버들에게 보호 활동에는 정치적인 행동도 필요하다는 사실을 알린다.

- 기후 관련 캠페인을 진행하는 단체에 가입해서 활동한다. 온실가스 배출은 벌레와 벌레 서식지를 위협하는 심각한 원인 중 하나다.
- 지역 의회에 민원을 넣어 시에서 담당하는 구내식당이나 학교에 유기농 식품과 지속 가능한 식단을 제공하고, 벌레 친화적인 방법으로 토지와 잔디밭을 관리하도록 요청한다.
- 학교 토지를 무척추동물에게 이로운 방식으로 관리하고, 환경문제 관련 교육이 이루어지도록 학교에 요구한다.
- 지역 의회가 대응하지 않으면 언론을 이용한다. 지역 신문에 글을 쓰고, 지역 카페에 가입하고, 소셜미디어를 활용하여 의회가 행동하기를 온건하게 또는 좀 더 단호하게 요구한다. 국회의원 및 지역 의회 의원들은 환경문제에 관심이 많은 사람처럼 보이길 원할 것이다. 나는 크고 털이 복슬복슬한 벌 옆에서 사진을 찍으려는 정치인도 본 적이 있다.
- 농부와 작물 재배자들의 자연 친화적인 해충 관리를 돕는 유기농 캠페인을 지지한다.
- 특별히 관심이 가는 이슈를 하나 고른다. 예를 들어, 특정 기업의 운영 방식에 변화를 요구한다거나, 특정 지역의 나무나 자연 영역을 보호하는 일 등을 선택할 수 있다. 캠페인을 이끄는 리더가 되어 다른 사람들의 동참을 끌어내자. 필요하다면 아예 새로운 단체를 설립할 수도 있다.

- 가족과 친구들도 리버깅에 참여하도록 설득한다. 당신이 하는 일을 페이스북, 트위터, 인스타그램에 항상 공유한다.

## Chapter 6

·

# 농업, 식품산업, 소비가
# 벌레에 끼치는 영향

요즘 아몬드가 큰 인기를 얻고 있다. 그러나 거대하고, 인공적이고, 물을 많이 필요로 하는 아몬드 나무 플랜테이션의 현실은 어둡기만 하다. 전 세계 아몬드의 약 80%가 캘리포니아의 센트럴밸리에서 생산된다. 아몬드의 수분을 위해 양봉가들은 '가축'으로 분류된 양봉꿀벌 군집 수천 개를 이곳으로 실어 나른다. 그러나 플랜테이션의 척박한 조건은 벌이 살기에 적합하지 않으므로, 그들이 데려온 '가축'의 30%는 새로운 환경에 적응하지 못하고 죽는다. 야생벌과 꽃 등에 같은 야생동물들도 똑같은 나무만 줄줄이 심겨 있는 그러한 환경에서는 생존하지 못한다.[1]

농업이 야생동물 서식지를 파괴함으로써 무척추동물의 개체 수를 줄인다는 사실은 이제 충분히 이해했을 것이다. 그중에서도 경작지의 규모는 무척추동물의 존재와 번성에 큰 영향을 미치는 요인이다. 캐나다의 한 농장에서 나비, 꽃등에, 벌, 딱정벌레 종의 수를 조사한 결과, 작물의 경작, 다양성, 농약 사용 여부도 물론 중요하지만, 경작지의 크기가 갖는 영향력 또한 상당히 큰 것으로 드러났다.[2] 이는 무척추동물이 이동할 수 있는 '녹색 통로'가 얼마나 중요한지를 보여준다. 경작지 주변에 아무렇게나 자란 나무, 산울타리, 풀 등은 무척추동물에게 꼭 필요한 '고속도로'이자 서식지가 되어준다.

## 농사를 돕는 똑똑한 벌들

벌의 매력은 끝이 없다. 그중에서도 호박벌은 식물이 꽃을 피우도록 유도할 수 있다. 꽃부니호박벌은 나뭇잎을 먹거나 그것으로 집을 짓지도 않으면서, 온실 식물의 잎사귀에 작은 이빨 자국을 남기는 행동을 한다. 이를 본 연구원들은 호박벌이 꽃에 무언가 메시지를 남긴 것이라는 가설을 세우고 꽃가루가 부족한 상황을 만들어 실험을 했다. 그러자 실제로 호박벌은 식물이 평소보다 한 달가량 이르게 꽃을 피우도록 유도했다. 영양소가 부족할 때 쓸 수 있는 유용한 기술인 듯하다. 만약 벌에게 이런 능력이 있다면, 농부들도 특정 상황

호박벌

에서 식물이 꽃을 피우도록 유도할 수 있을 것이다. 그러나 할 수 있다고 해서 실제로 그렇게 해도 되는지는 전혀 다른 문제이긴 하다.[3]

벌레들이 살고, 먹고, 번식하는 공간을 우리가 제멋대로 제거하거나 바꿔버리면, 여느 동물이 그렇듯 벌레 역시 번성하지 못한다. 작은 숲, 길가의 풀밭, 산울타리 등 벌레의 '녹색 통로'가 사라지면, 벌레는 자손 대대로 한곳에서만 머물 수밖에 없기에 절대 번성할 수 없다. 그러나 안타깝게도 벌레를 위한 서식지는 전 세계적으로 빠르게 사라지고 있다. 한때는 다채로운 풀밭, 숲, 습지였던 곳이 전부 똑같은 작물과 나무만 심긴 땅으로 바뀌었으며, 도시 외곽 역시 마구잡이로 개발되고 있다.

필요 없는 잡초와 벌레는 전부 제거하여 엄격하게 관리하는 단일재배 환경에서는 다양한 종의 무척추동물이 살기 어렵다. 영국의 야생 꽃가루 매개자를 조사한 최근 연구에 따르면, 1980년대부터 2013년까지 야생 꽃가루 매개자 종의 대부분이 쇠퇴한 것으로 나타났다. 이는 공교롭게도 농업의 기업화가 일어난 시기와 일치한다.[4] 자급자족을 하기 위해 소규모 논밭에서 다양한 작물을 키웠던 과거와 달리, 지금은 드넓은 토지에 온통 한 가지 작물만 재배하고 있다. 그래야만 수익이 나기 때문이다. 작은 논밭 여러 개가 하나로 합쳐지면서 경작지 사이사이에서 자라던 나무와 야생화도 사라졌다. 더 많은 화학물질이 사용되면서 다채로운 목초지는 화학비료를 잔뜩 뿌린 풀밭으로 대체됐다. 이 모든 변화로 벌레, 특히 꽃가루 매개자 곤충이 선호하지 않는 환경이 만들어진 것이다.

이 같은 획일화된 풍경을 만든 것은 다름 아닌 현대 식품산업이다. 앞으로 더 나은 서식지를 조성하여 리버깅을 이루려면, 농부와 토지 관리자들의 인식 개선도 물론 중요하지만, 생산자들이 무척추동물 친화적인 방식으로 농장을 운영해도 수익이 날 수 있도록 식품 시장 자체가 바뀌어야 한다.

## 신기한 애플스네일

애플스네일이 중요한 동물인 이유는 무엇일까? 애플스네일은 세계 최대의 습지 판타날Pantanal에 서식한다. 브라질, 볼리비아, 파라과이에 걸쳐 있는 판타날 습지는 이 유용한 담수 달팽이 외에도 여러 특별한 종이 많이 서식하는 소중한 곳이다. 이곳 습지에는 매해 자연적인 범람이 일어나는데, 그로 인해 식물이 죽고 부패하기 시작하면, 식물 찌꺼기를 분해하는 미생물들이 산소를 많이 써버려서 용존 산소량이 부족하게 된다. 그러면 식물 찌꺼기를 소비하는 다른 동물들은 대부분 산소가 부족해서 생존하기 어려운데, 애플스네일의 경우 마치 스노클링을 하듯이 물 밖으로 숨관을 길게 늘여 폐에 공기를 공급할 수 있어서, 산소가 부족한 물에서도 충분히 살아남을 수 있다. 영양소 순환에 도움을 주는 애플스네일은 계속해서 식물 찌꺼기를 먹고, 다시 그 지역의 다른 식물들을 위한 영양분을 만들어낸다. 건기에는 진흙 속에 몸을 숨기고 있는데, 껍데기 입구에 덮개가 있어서 말라 죽지 않는다. 또한 애플스네일은 많은 동물에게 즙이 풍부한 작은 먹잇감이 되어주기도 한다. 이와 같이 많은 역할을 하는 애플스네일이야말로 판타날 습지의 최고의 핵심종이 아닐까? 그러나 목축과 대두 농사로 숲과 관목이 사라지면서, 이 지역의 강과 땅에 형성된 정교하고 섬세한 생태계도 점차 파괴되고 있다.

한편, 남아메리카 아마존에서 서식하는 동물군 중 상당수도 무척추동물이다. 몇 가지만 언급하자면, 슈마니 개미, 단단한 갑옷을 둘러싼 장수풍뎅이, 신비로운 푸른 모르포나비 등이 발견됐으며, 지금도 많은 무척추동물이 새롭게 발견되고 있다. 심지어 몇몇 과학자들은 개미가 아마존의 동물 생물량의 약 30%를 차지한다고 추정하기도 한다. 그러나 대두 등의 작물 재배와 목축을 위해 땅이 개간되면서 이곳의 무척추동물 역시 점점 자취를 감추고 있다.

## 벌레를 위한 땅 '남겨두기'와 '공유하기'

지난 수십 년간, 더 크고 효율적인 기계로 더 많은 작물을 수확하고자 계속해서 경작지를 늘려온 농부들에게 논밭의 규모를 줄이라고 설득하기란 어렵다. 그러나 경작지의 크기가 리버깅에 미치는 영향은 생각보다 상당하므로 이를 무시할 수는 없다.

먼저, 아직도 남아 있는 작은 논밭과 그 주위를 둘러싼 산울타리 등을 보호해야 하며, 유기농법과 같이 자연 친화적인 방식으로 농사짓는 농부들에게 적절한 보상을 제공해야 한다. 또한 미니 로봇이나 드론처럼 좀 더 혁신적이면서, 크기가 작고, 자연에 가하는 충격이 덜한 기계가 개발되면, 경작지의 크기를 다시 줄이거나, 적어도 아직 남아 있는 작은 경작지는 그대로 두는 것이 현실적으로 가능하리란 희망도 있다.

자연 상태 그대로 남아 있는 미개발 구역을 보호하고, 리와일딩 등을 통해서 중요한 서식지를 복원하거나 재조성하려면, 땅을 전부 경작하지 말고 일부(경작지 가장자리 등) 남겨두는 것, 이른바 '땅 남겨두기'를 정책화할 필요가 있다. 미국의 야생보호구역처럼 지역 전체를 그렇게 보존해도 좋고, 아니면 경작지 사이사이에 땅을 남겨둠으로써 야생동물들이 서식지를 찾고 안전하게 이동할 수 있는 통로를 마련해주는 것도 좋다.

야생동물을 위한 '땅 남겨두기'는 주로 야생동물 보호소나 국립공원과 같이 핵심종을 위한 보호구역이 만들어진 곳에서 시행된다. 그러나 무척추동물이 핵심종으로 '선택받는' 경우는 별로 없고, 대개는 늑대 등과 같이 좀 더 큰 포유동물이나 희귀한 식물이 대상이 된다. 그러다 보니 간혹 영국에서 위기에 처한 벌레를 보호하는 프로젝트를 발견하면 기분이 매우 좋다. 버그라이프는 '벼랑 끝에 선' 무척추동물을 구하고자 설립된 단체다. 예를 들어 그들은 영국 남서부의 카운티 도싯의 야생 들판을 보호함으로써 사라질 위기에 처한 매우 아름다운 주홍거미를 지키는 캠페인을 진행한다. 주홍거미는 원래 영국에서 멸종한 것으로 여겨졌으나, 1980년 도싯에서 몇 마리가 다시 발견됐고, 많은 이의 노력 끝에 현재는 14마리의 육종 집단이 존재하며, 앞으로도 더 많은 보호구역이 생길 예정이다.[5]

이미 사용되고 있는 땅의 경우에는, 농부들이 '공유하기' 방식으로 자연에 접근할 수 있도록 도와야 한다. 농부들은 '야생동물의 요구'와 '최대한 적은 비용으로 균일한 품질을 가진 가축과 작물을 더 빠르게 생산해야 할 필요성' 사이에서 균형을 잡아야 하는 위치에 있다. 대중의 관심 없이는 거의 달성하기 불가능한 과제다. 따라서 이 거대한 이슈와 맞서려면, 우리의 소비 패턴은 물론, 저렴한 가격에 보기 좋은 모양의 농작물만 찾으려는 인식 자체를 바꾸어야 한다.

이 장에서는 우리가 일상에서 소비하는 식품과 옷, 무심코 하는 습관 등을 꼼꼼히 살펴보고, 어떻게 구매하고 소비해야 무척추동물을 다시 땅으로, 우리 삶 속으로 되돌릴 수 있는지 살펴볼 것이다. 이 책에서 제안하는 활동이나 습관 중에 당신의 자녀가 음식을 먹거나 학교에 가지 못하게 막는 것은 전혀 없다. 당신이 정말로 극단적인 환경운동가가 되어 자발적으로 모든 것을 내팽개치고 이리저리 쫓아다니는 게 아니라면 말이다.

## ── 애벌레 반쪽이 나온 사과가 예쁜 사과보다 낫다

사과 속에서 애벌레가 나오거나 상추에서 진딧물이 나오는 것처럼, 음식에서 자연의 흔적을 발견하는 것은 사실 좋은 일이다. 그렇지 않은 음식은 거의 모든 생명의 신호를 제거하도록 재배된, 농약 범벅 작물일 테니 말이다.

벌레 먹은 채소, 흠 있는 과일을 대하는 우리의 태도를 바꾸는 것 또한 농부들이 리버깅을 고려한 농법을 선택하는 데에 큰 도움이 된다. 사람들은 당근 한 봉지에 든 당근의 길이, 색깔, 형태가 균일하기를 원한다. 사과 한 상자를 사면 그 안에 든 사과가 모두 크기가 균일하고, 흠집이 없고, 모양이 동그랗고 예뻐야 만족한다. 이처럼 소비자들이 '완벽한' 상품을 기대하니, 농부들은 농약을 뿌리고, 단일 품종을 재배할 수밖에 없다. 그 '기준'에 부합하지 않는 농작물은 훨씬 싼 값에 넘기거나 심지어 버려야 할 수도 있기 때문이다.

벌의 개체 수 감소에는 여러 요인이 있지만, 그중에서도 특히 농작물 재배에 쓰이는 네오니코티노이드 살충제, 일명 '네오닉스 neonics'가 큰 요인으로 꼽히고 있다.[6] 지난 수년간 환경운동가들의 관심의 대상이었던 이 화학물질은 벌의 정상적인 행동, 가령 먹이를 구하고, 방향을 인지하고, 길을 찾는 능력 등에 변화를 일으키며, 심지어 수면도 방해한다.[7] 정원에 사는 흔한 검은색 개미도 네오닉스

의 영향을 받는다. 네오닉스에 노출되자 일개미와 유충의 수가 감소하는 것으로 나타났다.[8]

벌처럼 중요한 종에게 해를 입힌다는 사실이 밝혀지면서 유럽에서는 네오니코티노이드계 살충제 대부분이 금지됐다. 이로써 무척추동물이 다시 회복될 가능성이 생겼고, 농부들은 다른 대안을 개발하기 시작했다. 그러나 좋은 대안이 생각만큼 빨리 찾아지지 않자, 이러한 규제를 없애거나 완화하라는 압박도 상당하다. 하지만 네오닉스가 얼마나 해로운지를 고려한다면, 정치인들은 그러한 압박에 휘둘리는 대신 과학에 귀를 기울이고, 기존의 규제를 유지하는 동시에, 생물학적 방제, 튼튼한 품종 개발, 해충 및 질병의 주기를 흐트러뜨리기 위한 윤작법 등과 같이 대체 가능한 도구의 적용과 연구에 더 큰 힘을 실어줘야 한다.

화학물질을 줄이는 것뿐만 아니라 새로운 식습관을 형성하는 것도 벌레를 보호하는 데 도움이 된다. 안타깝게도 현대 서양식 식단은 야생동물과 벌레는 물론 우리의 건강에도 큰 위기를 불러왔다. 만약 우리가 기존의 식습관을 아주 조금이라도 바꾼다면, 무척추동물의 삶은 한층 더 윤택해질 것이다. 변화를 향한 여정이 쉽지는 않겠지만, 리버깅이 가져다줄 변화야말로 그 무엇보다 훌륭한 보상이 될 것이라고 생각한다.

**유죄판결을 받고 쫓겨난 작물 해충**

아름다운 더듬이와 갈팡질팡하는 움직임이 귀여운 왕풍뎅이는 내가 좋아하는 대형 벌레 중 하나다. 영어로는 'cockchafer'라고 하는데, '최고의'라는 뜻의 'cock'과 갉아먹는 풍뎅이를 뜻하는 독일어 'kafer'가 합쳐져서 만들어진 이름이다. 지난 수 세기 동안, 대표적인 작물 해충으로 자리매김했던 만큼 메이버그maybug, 빌리위치billy witch 등 별칭도 매우 다양하다.

놀랍게도 1320년 프랑스 아비뇽에서는 왕풍뎅이 종(성충과 유충 모두)이 심각한 작물 피해를 일으킨 주범으로 지목되어 실제로 재판이 진행됐다. 유죄판결을 받은 왕풍뎅이는 도시 밖으로 추방됐고, 선고에 따르지 않은 왕풍뎅이는 전부 잡혀서 죽임을 당했다.

## ── 식습관을 리버깅하라

이번에는 식품의 생산 '방식'에서 시선을 돌려서, 생산되는 식품의 '종류'에 대해 생각해보자. 사람들은 대부분 이를 별로 중요한 이슈로 생각하지 않지만, 지금까지 살펴본 것과 같이 작물과 가축의 다양성, 종자와 품종의 유전적 다양성은 무척추동물의 서식지와 먹이 자원에 큰 영향을 미친다. 이는 정말로 많은 종류의 벌레와 깊이 관련된 문제다.

현재 식품산업은 균일한 수확물을 많이, 저렴하게, 최대한 안정적으로 생산할 수 있는 단일재배 방식에 의존하고 있다. 고도로 기업화된 집약적인 목축 시스템에서 대량으로 생산되는 값싼 육류 또한 산업을 지탱하는 핵심 요소다. 농장에서 똑같은 품종의 동물을 대규모로 사육하며, 엄격한 기준을 맞추기 위해 고단백 사료를 먹이고 항생제와 살충제를 투여한다.

그러나 소비자인 우리는 마트에 가서 온갖 종류의 식품이 휘황찬란하게 진열된 모습만 보니, 우리가 먹는 음식의 상당수가 몇 안 되는 식물에서 나온다는 사실을 쉽게 인지하기 어렵다. 우리는 영양소 대부분을 옥수수, 쌀, 밀, 그리고 감자나 카사바 같은 뿌리작물에서 섭취한다. 미국에서 대량으로 재배되는 옥수수는 크고 파괴적인 작물 중 하나다. 대규모 단일재배로 생산되고, 대개는 독한 농약에도 잘 죽지 않도록 유전자 변형을 한 것이며, 토양 침식과 오염을 일으킨다. 그러나 옥수수 사료 및 고과당 옥수수 시럽 산업은 농식품 산업 중에서도 가장 입김이 센 편이어서 그와 관련한 정부 지원금, 시장, 무역 수익을 지키기 위한 로비 활동이 활발하게 이루어지고 있으며, 그 결과 아직도 정부 지원금의 상당 부분이 옥수수 관련 식품 산업으로 들어가고 있다.

## 두 농장 이야기

각기 다른 두 농장이 있다고 상상해보자. 첫 번째 농장은 작물의 종류를 계속 돌려짓기해서 5년간 적어도 7가지 작물을 재배한다. 작물을 키우지 않을 때는 피복작물을 심어서 토양이 유실되는 것을 막는다. 작은 경작지마다 산울타리가 넓게 둘려 있고, 군데군데 나무와 꽃이 자라고 있으며, 울타리 옆 좁은 땅에는 작물을 심지도, 농약을 뿌리지도 않는다. 자연이 알아서 자기 할 일을 열심히 해주니, 농부가 농약이나 화학비료를 쓸 일도 없다.

농장에는 가축도 있다. 다양한 풀이 자라는 영구 목초지에서는 토종 소 떼가 풀을 뜯고, 작은 양 떼는 논밭의 잡초를 줄이는 것을 돕거나 사료용 작물을 돌아가면서 먹는다. 쇠똥구리와 같은 무척추동물이 열심히 일해준 결과로, 가축의 배설물은 흙에 영양분을 공급해준다. 다양한 작물과 육류가 지역 내에서 유통되고 여러 농산물 직판장에서 판매된다. 다행히 이 지역의 소비자들은 농부의 생산 방식이 지닌 가치를 인정하기에 생산품이 일정하지 않고 가격이 좀 비싸도 기꺼이 받아들인다.

이번에는 두 번째 농장을 떠올려보자. 땅의 규모와 종류는 첫 번째와 같다. 그러나 여기서는 고용된 관리자가 세 가지 작물로만 돌려짓기한다. 경작지는 작게 나누어져 있지 않고, 최대한 크게 합쳐져 있다. 그래야 커다란 기계를 이용해서 빠르고 효율적으로 씨를 뿌리고, 물을 대고, 농약과 비료를 뿌리고, 작물을 수확할 수 있기 때문이다. 수확량이 높은 품종 위주로 심고, 피복작물이나 가축도 키우지 않으며, 멀리 떨어진 시장에 딱 세 가지 생산품만 판매한다.

이 두 곳 중에서 여러 무척추동물이 더 많이 서식하는 농장은 어디일까? 무척추동물이 다양한 먹이 자원과 녹색 통로가 있는 곳을 선호하며, 화학물질에 덜 노출되는 쪽을 선호한다는 점을 생각하면, 답은 두말할 것도 없이 첫 번째 농장이다.

그렇다면 수익성이 더 좋은 농장은 어디일까? 아마도 인건비를 최소화하고, 더 저렴한 에너지와 기계를 사용하며, 안정적인 가격을 보장하는 선물시장에서 거래하는 두 번째 농장일 것이다. 그러나 이러한 방식에는 위험이 따른다. 혹시 한 가지 작물이 실패할 경우, 수입의 3분의 1이 날아가기 때문이다. 농부들이 농약과 화학비료에 의존하는 이유가 이것이다. 이처럼 영국은 물론 전 세계 농부들은 낮은 가격, 납품 시기, 품질 등 대형 거래처의 불합리한 요구를 들어줘야 한다는 압박에 시달린다.

두 농장은 극명하게 비교된다. 불공평한 현실이라고 말할지도 모르겠다. 그러나 두 농장 사례는, 농부들이 종종 여러 상황에서 무척추동물을 해치는 선택을 할 수밖에 없음을 보여준다. 노력에 비해 보상이 낮으니 단일재배를 해야 하고, 단일재배를 하니 작물을 보호하려면 화학물질을 쓸 수밖에 없다. 축산업자들이 동일 품종의 가축을 한곳에 몰아넣고 키우면 질병과 해충이 더 빨리 퍼진다는 사실을 알지만, 수익을 내려면 어쩔 수 없으니 대신 항생제를 투여하는 것과도 유사하다. 돌려짓기가 좋다는 것을 알면서도 거래처의 요구 기준을 맞추려면 그럴 수가 없다.

그리고 이 모든 것이 무척추동물에게는 재앙이 된다. 서식지가 사라지고, 꽃을 피우는 식물과 먹이 자원이 부족해지며, 갖가지 화학물질에 노출된다. 나무나 산울타리 같은 녹색 공간이 사라짐에 따라 알을 낳거나 먹이를 구하러 새로운 곳으로 이동할 통로를 찾기도 어려워진다.

### 벌레의 먹이와 적응력

무척추동물이 먹이를 구하는 방식은 거의 예술 행위에 가깝다. 그들은 움켜쥐고, 뚫고, 빨아들이고, 긁고, 거르고, 자르고, 으깨고, 저장하고, 마비시킨다. 무척추동물은 초식성, 육식성, 잡식성, 균식성으로 나뉘는데, 어떤 동물은 수개월 또는 수년간 아무것도 먹지 않고도 살 수 있다. 균류나 식물, 다른 동물을 키워서 먹이를 얻기도 하고, 생애 주기 동안 식성을 여러 번, 완전히 바꾸기도 한다. 심지어 자라나는 새끼가 잘 생존할 수 있도록 살아있는 신선한 먹이를 주고 떠나기도 한다.

## 종합적 해충 방제

벌은 여러 가지 전략을 사용해서 벌집을 지킨다. 항진균성 물질을 가진 꿀을 만들어서 곰팡이를 예방하고, 공격을 받으면 벌집 입구에 있는 문지기 벌이 얼른 위험을 알린다. 일본 꿀벌은 장수말벌이 쳐들어오면 이 거대한 침입자를 마치 공처럼 에워싼 후 날개 근육을 진동시켜, 최대 30분 내로 말벌을 죽일 정도의 열을 일으킨다. 꿀벌의 침으로는 말벌의 강한 외골격을 뚫을 수 없어서 이들이 새롭게 찾아낸 방법이다.[9]

이처럼 농부들도 다양한 전략을 통해 해충에 대응하면 해로운 화학물질 사용을 줄이거나 피할 수 있을 것이다. 이를 종합적 해충 방제IPM, integrated pest management라고 한다.[10] 예를 들어 해충 주기를 끊기 위해 여러 작물을 돌려짓기하고, 면역력과 생산성이 좋아서 예전부터 재배해온 토종 작물을 심고, 토양 및 영양 관리를 통해 작물이 병충해를 잘 버티도록 도와주고, 세심한 관찰로 해충과 질병 수준을 더 잘 예측하고 감시하는 방법 등이 여기에 속한다.

진딧물을 잡아먹는 무당벌레나 풀잠자리와 같이 해충 포식자를 풀어놓는 것 또한 리버깅 측면에서는 장점이 아주 많은 전략이다. 그러나 곤충을 통제하기가 비교적 쉬운 온실에서는 이 같은 방법이 꽤 유용할 수 있으나, 논밭에서는 불안정한 자연 과정에만 의지하는 것은 위험하다. 자칫 작물 전체, 즉 그해의 소득 전체를 잃을 수도 있다. 열심히 농사를 지어다 팔아도 시장에서 돌아오는 보상이 턱없이 낮으니 농부들의 삶은 위태로울 수밖에 없다. 게다가 예측할 수 없는 날씨 등의 다른 변수와도 싸워야 한다.

현재 많은 연구원이 논밭에서도 야생 포식자들을 불러모을 수 있는 가장 좋고 안전한 방법을 찾기 위해 노력하고 있다. 내가 어느 여름, 잎굴파리 숙주를 키웠던 것도 같은 맥락이었다. 그때가 벌써 30년 전이니, 지금은 이러한 시스템이 좀 더 널리 쓰이고 있으리라 기대할 수 있겠다. 세계에서 두 번째로 많이 소비되는 과일(보통은 채소처럼 먹지만)인 토마토, 그리고 브라질의 토마토 농장에서 가장 골머리를 앓고 있는 해충인 흑다리잎굴파리를 대상으로 한 또 다른 연구가 있다. 연구원들은 흑다리잎굴파리의 자연 천적, 특히 작은 말벌 종의 존재가 토마토 생산량에 중요한 영향을 미친다는 사실을 발견했다.[11] 그러나 앞서 언급했던 것처럼 의도하지 않은 결과를 가져올 수도 있으니 이러한 도구는 신중하게 사용해야 하며, 논밭에 해충 포식자를 대거 풀어놓는 방법보다는 그들이 좋아하는 서식지 등을 제공함으로써 이로운 포식자가 자연스레 많아질 수 있는 환경을 조성하는 것이 가장 안전한 접근 방법이다.

이쯤에서 한 가지 의문이 떠오를 것이다. 이렇게나 장점이 많은데 왜 농부들은 안전하고 친환경적인 IPM과 생물학적 방제 대신 화학물질을 사용하는 것일까? 주로 농약 회사·농장 고문·정부의 조언과 정책, 그리고 균일한 품질을 대량으로 생산해야 한다는 압박 때문인 경우가 많다.

## 농업을 위한 리버깅 해결책

유기농법, 지속농업, 바이오다이내믹농업으로 작물을 재배하는 농부들은 화학물질 대신 다른 여러 도구를 활용하여 해충을 관리한다. 가축 수를 적게 유지하고, 질병과 해충에 저항력이 강한 품종 및 종자를 선택하며, 해충을 잡아먹는 말벌과 같은 포식자를 끌어들이기 위해 서식지를 제공하는 등 생물학적 방제를 선호한다. 따라서 유기농 식품은 작물의 겉과 안에 농약 잔여물이 거의 남지 않고, 무척추동물에게 끼치는 피해도 훨씬 적다. 흔히 '통합-농장 농업 생태학적 시스템whole-farm agroecological systems'이라고 불리는 체계를 활용하는 이들은 작물과 가축의 종류 또한 다양하게 바꿔가며 재배 또는 사육한다. 이는 자연 친화적인 해충·잡초 관리의 기본적인 요소다.

작물 재배용 땅과 생물 다양성을 위한 땅을 분리하여 자연을 보호하는 방식인 '땅 남겨두기'와 달리, 이러한 농업 방법은 '땅 공유하기'의 형태로 농업 시스템 '안에서' 생물 다양성을 관리하는 것이다. 유기농법과 기존 농법을 비교한 네덜란드의 어느 연구에 따르면 작물에 따라 차이는 있지만, 유기농법으로 관리한 땅에 사는 지렁이의 수가 다른 곳보다 2~4배가량 많은 것으로 나타났다.[12] 또한 2014년, 94가지 주요 과학 연구를 분석한 결과에서는 유기농법으로 관리한 땅의 생물 다양성이 그렇지 않은 땅보다 평균 30%나 높았다.[13] 이미 많은 농부가 농약을 거의 또는 아예 사용하지 않고도 작물을 생산하는 것이 충분히 가능하다는 사실을 몸소 증명하고 있다.[14] 이러한 변화를 수용하려면 궁극적으로는 일반 소비자들 역시 이전과는 다른, 좀 더 다양한 식품을 받아들이는 태도를 갖춰야 한다. 현재 많은 '기존' 농장이 이러한 농업 생태학적 도구를 적용하려는 움직임을 보이기 시작했다. 상당히 고무적인 변화다.

## 더 나은 정책

우리는 이 문제를 전체 시스템의 관점에서 접근할 수 있도록 더 많은 연구를 하고, 새로운 정책을 마련할 필요가 있다. 유용한 조언을 하고 보상 규정을 세우며, 더불어 소비자들이 좀 더 다양한 농산물을 구매하도록 장려하고, 모양이 예쁘지 않거나 작은 흠이 있다는 이유로 상품을 거부하지 않도록 인식 개선에 힘써야 한다.

또한 유기농법과 IPM을 사용하는 농부를 위한 지원 정책을 세우도록 요구하고, 심각한 해를 끼치는 화학물질은 법적으로 금지하도록 촉구해야 한다. 2020년 EU는 유럽 전체에 '농장에서 식탁까지 Farm to Fork'라는 생물 다양성 전략을 발표했다.[15] 2030년까지 농약을 비롯한 해로운 화학물질의 사용을 50%로 줄이고, IPM을 더 많이 활용하며, 전체 농지의 최소 25%는 유기농법으로 관리하는 것이 목표다. 참으로 소중하고 야심 찬 이 계획이 성공에 이르기를 간절히 소망한다.

## ── 문제의 육류

목축 또한 기후위기를 일으켜서 무척추동물에게 심각한 피해를 끼치는 요인이다. 양과 소의 트림은 기후변화를 일으키는 메탄 등의 기체로 가득하며, 그 밖에도 가축의 배설물에서 방출되는 기체, 목축지 조성을 위한 산림 벌채, 가축 먹이용 작물 재배를 위한 과도한 화학비료 사용, 토지 사용의 변화 등이 전부 온실가스 배출을 조장한다. 안타깝게도 세계의 육류 소비량은 그 어느 때보다 증가하고 있다.

나는 2008년부터 값싼 육류가 기후에 미치는 영향에 대해 알리는 캠페인을 벌여왔다. 예전과 비교해서 요즘에는 이와 관련된 연구가 활발히 진행되고 사람들의 관심이 급격하게 늘어나서 다소 마음이 놓인다. 2019년 유엔UN은 '기후변화와 토지에 대한 특별 보고 Special Report on Climate Change and Land'를 발표하면서, 목축이 심각한 기후 문제를 일으키는 주요 원인임을 인정하고 변화할 필요가 있다고 밝혔다. 그들은 소를 비롯한 육류 대신 다른 식단을 선택할 경우, 한 국가의 탄소 발자국이 얼마나 감소할 수 있는지도 제시했다.[16] 다시 말해서, 급속도로 성장한 세계의 값싼 육류 시스템이 무척추동물과 여러 생물의 다양성뿐만 아니라, 강과 바다의 영양염류 오염 및 기후변화에도 매우 부정적인 영향을 미친다는 사실을 UN이 마침내 인정한 것이다.

물론 우리가 가축을 사육하고 육류를 먹는 것 자체가 잘못은 아니다. 그러나 지금보다 훨씬 나은 환경에서 사육하고, 지금보다 훨씬 적게 소비할 필요가 있음은 분명하다. 갖가지 풀과 나무가 자란 드넓은 목초지에서 소와 양 몇 마리가 드문드문 한가롭게 풀을 뜯는 방식의 목축은 문제가 되지 않을 수 있다. 그런 들판에는 쇠똥구리와 여러 다른 무척추동물도 번성할 것이다. 실제로 영국에서 그렇게 운영되는 목장을 몇 군데 방문한 적이 있는데, 그곳에는 벌레와 야생동물이 가득했다.

그러나 안타깝게도 대부분의 목장은 너무 많은 수의 가축을 사육하고, 지나치게 많은 화학비료를 사용한다. 그런 환경에서는 무척추동물이 살아남기 어렵고, 자연스레 새와 다른 동물들도 자취를 감춘다. 소와 양의 밀집도가 벌레의 개체 수 및 다양성에 어떤 영향을 미치는지 측정한 영국의 어느 연구를 살펴보자. 수년에 걸친 실험 결과, 거미, 딱정벌레 등 식물에 서식하는 무척추동물의 총 개체 수는 가축의 수가 적을수록 유의미하게 증가했고, 소만 키우는 것이 아니라 양도 섞여 있을 때 그 수가 더욱 증가하는 것으로 나타났다.[17] 목장의 사육 환경뿐만 아니라 가축의 수와 종류 역시 중요한 열쇠임을 보여주는 연구 결과다.

## 목축을 위한 리버깅 해결책

리버깅과는 거리가 먼 이야기처럼 보일 수 있지만, 실상 육류와 유제품의 과잉 섭취를 줄이고 더 나은 가축 관리 시스템을 지지하는 것은 지구상의 무척추동물을 위해 할 수 있는 매우 중요한 일이다. 그러나 육류를 좋아한다고 해서 실망할 필요는 없다. 고기를 먹고 싶으면 먹어도 된다. 모든 사람이 완전한 비건(좋은 방법이긴 하지만)이 되어야 한다고 주장하는 연구는 거의 없다. 육류 소비를 줄이고, 좀 더 건강한 시스템에서 사육된 육류와 유제품을 구매하는 것만으로도 충분히 바람직한 결과를 얻을 수 있다.

잘 관리된 목초지에서 소와 양을 방목하여 기르는 것도 중요하지만, 식품을 만들고 남은 부분(가령 우유를 만들고 남은 유장, 맥주를 만들고 남은 펄프, 버려지는 채소나 과일, 빵 등)이나 작물에서 사용하지 않은 부분, 곡물 낟알 등을 닭과 돼지의 먹이로 주는 것도 매우 좋은 방법이다.

더불어 생선 섭취량을 줄이고, 집약적으로 양식된 생선이나 멸종 위기에 처한 종을 피하는 것은 야생 물고기가 입는 피해를 줄이는 데에 도움이 되며, 이는 곧 바닷속 무척추동물과 생태계를 지키는 일로 직결된다.

산업, 정부, 투자자가 협력해서 목축의 규모는 줄이되 사육 환경은 개선할 수 있도록 노력해야 한다. 기업적 목축에 투자하는 대신 광범위한 시스템을 적절하게 지원하는 한편, 모든 공공기관의 식품 조달과 관련해서 새로운 식단 지침과 기준을 마련하는 것이 필요하다.


## ─ 식품 낭비와 쓰레기 이야기


바퀴벌레는 쓰레기 순환의 대가다. 아무거나 잘 먹어서 쓰레기가 있는 곳이라면 어디든지 나타나서 쓰레기를 먹어 치운다. 그러나 바퀴벌레 외에도, 나뭇잎 찌꺼기를 분해하는 지렁이부터 동물 사체를 처리하는 송장벌레까지, 쓰레기 순환의 거의 모든 부분에 벌레가 관여한다. 이러한 벌레를 본받아서 우리 인간도 더는 음식을 낭비하지 말아야 한다.

음식물 쓰레기에 대한 통계는 가히 충격적이다. 기껏 생산된 작물과 육류를 버리는 것은 무척추동물을 보호할 기회를 통째로 날

려버리는 것과 다름없다. 적게 생산하면 자연환경에 가해지는 부담을 줄일 수 있다. 더 많은 땅을 남겨두거나 공유할 수도 있다. 반면 대량 생산으로 음식이 너무 흔하고 저렴해지면 사람들은 이를 아까워하지 않고 마구 버린다.

2018년 영국의 통계를 보면, 주로 가정과 식당에서 약 950만 톤의 음식물 쓰레기가 나왔다. 가구당 평균 730파운드(약 120만 원) 정도의 음식을 버렸다는 뜻이다. 기업과 마트에서 버려진 쓰레기의 양은 그보다 훨씬 적었지만, 대신 그들은 할인 행사 등의 마케팅으로 소비자의 과소비를 조장했고, 수요를 잘못 예측하거나 멀쩡한 농산물을 단지 외관상 좋지 않다는 이유로 매입을 거절함으로써 농장에서 나오는 쓰레기에 일조했다.[18] 아주 정확한 수치는 아니지만, 유엔식량농업기구는 전 세계적으로 매년 생산된 식품의 3분의 1 이상이 (마트나 가게에 도달하기 전에) 손실되거나 버려지는 것으로 추정했다. 현재 식량농업기구는 좀 더 확실한 자료를 파악하고자 노력하는 한편, 각국의 정부와 기업에 행동을 촉구하는 것을 목표로 하고 있다.[19] 식품의 낭비는 곧 토지, 화학물질, 동물, 에너지, 수자원, 노동력, 종자, 포장, 교통의 낭비와도 이어지는, 그야말로 비윤리적이고 지속 가능성을 해치는 문제인 만큼 신속하고 적극적으로 대책을 마련해야 한다.

**음식물 쓰레기를 위한 리버깅 해결책**

내 경험에 비춰보면, 자발적으로 참여하도록 부드럽게 권유하거나, 개인적인 노력에만 맡기는 것은 별로 효과가 없었다. 이런 시도는 몇 번이고 계속 실패했다. 현대의 기업적 식품 거래 시스템은 중앙 집권적 유통망에 기반을 두고 있다. 기업들은 농장에서 농산품을 싼 값에 구매한 후 과도한 마케팅을 통해 소비자들이 필요한 것보다 더 많이 구매하도록 유도한다. 쓰레기를 줄이고 벌레를 보호하려면 이러한 시스템부터 근본적으로 뜯어고쳐야 한다.

먼저, 공급 체인의 어느 한 부분에서라도 식품을 낭비하는 기업에 강력한 불이익을 주는 법이 필요하다. 훌륭한 농산물을 단순히 모양이 예쁘지 않다는 이유로 매입을 거부하는 행위도 이에 포함된다. 또한 정부는 시민들에게 음식물 쓰레기를 줄이는 방법, 음식물 쓰레기로 퇴비 만드는 방법(벌레 사육장을 이용해서 직접 만들거나, 지정된 장소에 모아두면 시에서 수거해서 퇴비로 만드는 등)에 대한 정보를 제공하고, 지나치게 많은 쓰레기를 버리는 행위에는 불이익을 줘야 한다.


## — 생산자에게서 식품 구매하기

우리가 식품을 누구로부터 구매하는지 살펴보는 것도 중요하다. 가장 좋은 방법은 친환경 농법으로 농사짓는 농부들에게서 직접 농산물을 구매하는 것이다. 영국의 경우, 소비자가 식품을 구매할 때 지불하는 돈의 8%만 농부에게 돌아가며, 나머지는 전부 가공업자, 소매점, 기업 주주 등의 주머니로 들어간다. 지금처럼 적은 보상으로는 농부들이 무척추동물을 보호하는 방식으로 농장을 관리하기가 어렵다. 그리고 생산자와의 소통 창구가 없으므로, 만약 우리가 자연 친화적인 방법으로 재배된 식품을 구매하고 싶거나 벌레를 보호하는 데 도움이 되는 식단으로 바꾸고 싶더라도 이 같은 메시지를 전달할 방법이 없다.

농부에게는 생산자 중심으로 상품을 거래할 수 있는 더 다양한 공간이 필요하다. 다행히 최근 들어 농산물 직판장부터 온라인 직판장, 농산물 정기 구독 서비스, 인터넷 소매점, 협동조합, 지역 카페, 공동체지원농업CSA, community supported agriculture 등과 같이 소비자가 직접 친환경 농산물을 거래할 수 있는 플랫폼이 점점 늘어나고 있다. 친환경 농산물 생산자와 소비자를 연결시켜주는 '베러 푸드 트레이더스Better Food Traders'와 같은 네트워크나, 생산자가 식당 및 매점에 직접 납품하는 방식은 무척추동물을 해치지 않는 식품산업 시장을 형성하는 데 도움이 될 것이다. 이러한 네트워크를 통해 지역의 유기농 농부들을 알게 된 사람들은 생산자들과 직접 이야기를 나누면서, 야생동물과 서식지 보호를 위한 규제가 점차 강화되고 있다는 정보를 얻을 수 있을 것이다.

그러나 이처럼 바람직한 플랫폼의 시장 점유율은 여전히 너무 낮고, 대기업과 대형 마트가 식품 시장을 장악하고 있다. 정부는 이들의 활동을 효과적으로 통제하고, 더 나은 거래 시스템을 구축해야 한다. 그럴 때 생물 다양성을 위한 새로운 식품 공급 체계의 비전을 제시할 수 있고, 유통 과정을 줄여 농부들이 좀 더 쉽게 소비자에게 접근할 수 있을 것이다. 공급망이 단순할수록 생산자와 소비자 간의 의사소통이 더욱 원활해질 뿐만 아니라 상품의 질이 떨어지거나 오염될 가능성도 줄어든다.

### 식품 구매를 위한 리버깅 해결책

우리는 식품 구매 플랫폼에 가해진 통제를 완화함으로써 친환경 농산물 생산자를 지지할 필요가 있다. 국내에서 유기농으로 재배된 작물과 100% 목초지에서 방목하여 키운 육류와 유제품을 소비하자. 다양한 식품을 먹고, 가급적 가공하지 않은 신선한 음식을 먹자. 가능한 한 육류 소비를 줄이고, 유기농으로 키운 채소를 섭취하며, 공정거래 식품을 구매하거나 생산자에게 직접 구매하라. 한편 정부는 이러한 소비자들의 변화를 돕기 위해, 식량의 과잉 생산이라는 세계적인 추세와는 반대로, 각 지역에서 소비할 수 있을 만큼만 생산하도록 정책을 마련하고 지원해야 한다.

깊이 뿌리박힌 사람들의 식습관과 그에 따라 운영되어 온 산업을 바꾸기란 쉽지 않을 것이다. 영국에서는 식품윤리위원회Food Ethics Council를 비롯한 여러 단체에서 소비자의 구매 패턴뿐만 아니라 식품산업의 체계 자체를 새롭게 바꾸기 위해 노력을 아끼지 않고 있다.[20] 별것 아닌 것 같아도, 자기 자신을 '소비자'가 아닌 '시민'으로 보는 관점은 우리가 사회에 좀 더 관심을 두고 사회 활동에 적극적으로 참여하게 이끄는 힘이 있다. 그러나 현재는 자신을 그저 '소비자'로 인식하는 관점이 만연한데, 이는 사람들의 사회적 개입을 최소화하길 원하는 세력에 유리하게 작용하며, 정책이 잘못된 방향으로 나아가게 한다. 우리가 그냥 소비자가 아닌 '시민 소비자'로서 행동할 때, 현재의 식품 시장을 지배하는 법은 물론, 벌레 친화적인 식품 생산을 촉진하는 장려책에도 영향을 미칠 수 있다. 적절한 보상과 복지 안전망 등 식품과 관련된 시민의 권리를 보장함으로써 사람들이 좋은 식품에 쉽게 접근할 수 있도록 하는 것이 정책의 핵심이 되어야 할 것이다.

## — 우리가 입는 티셔츠에는 얼룩이 있다

무척추동물은 저마다 생김새가 독특하다. 그러나 커다란 장수풍
뎅이부터 자그마한 벼룩까지, 많은 벌레가 한 가지 핵심적인 특징
을 가지고 있다. 바로 몸을 보호해주는 유연한 바깥쪽 피부, 즉 외
골격이다. 무척추동물에게 외골격은 무기이자 위장 도구, 이동 수
단, 의사소통 수단, 그리고 짝을 유혹하는 수단이다. 벌레는 자라면
서 이전의 외골격인 허물을 벗고 새로운 외피로 교체한다. 흥미롭
게도, 어떤 벌레의 외골격은 믿기 어려울 정도로 강하다. 예를 들어
철갑 딱정벌레라는 멋진 이름을 가진 곤충은 자기 몸무게의 약 3만

철갑 딱정벌레

9,000배에 해당하는 무게를 버틸 수 있다.

벌레의 외골격은 사람으로 치면 피부에 해당한다. 우리는 그렇게 단단한 갑옷이 별로 필요하지는 않지만 말이다. 피부는 이물질이 몸속으로 쉽게 침투하지 못하도록 우리 몸을 보호하고, 우리 몸과 함께 자란다. 그러나 우리는 피부를 옷으로 가린 채, 벌레의 외골격이 하는 일과 비슷한 역할을 해줄 다른 여러 장비를 구한다. 의사소통 수단으로는 핸드폰을, 이동 수단으로는 자동차를, 무기로는 총을 구매한다. 그리고 이 모든 것을 생산하기 위해 땅을 망가뜨리고 벌레를 해친다. 지금 우리는 그 어느 때보다도 많은 물건을 세계 시장에서 사들이고 있다. 전 세계 1인당 물질 소비량은 1980년대 이후로 무려 15%가 증가했다. 이제 우리는 이러한 물건들이 벌레에게 어떤 영향을 미칠 수 있는지 이해해야 한다.

## 벌레의 몸을 지키는 갑옷

갑옷 같은 외골격은 많은 무척추동물이 자신을 보호하는 단순한 방법 중 하나다. 다 자란 곤충, 갑각류, 그 밖의 여러 무척추동물은 몹시 단단한 외골격을 가지고 있는데, 이는 외부의 충격과 탈수를 막아준다. 키틴질(단백질과 셀룰로스로 이루어진 생체 고분자)로 만들어진 이 외골격은 몸을 보호해주는 단단한 껍데기와 같다. 그래서 벌레는 몸이 커질 때마다 허물을 벗어야 한다. 외골격은 뼈만큼 단단하지는 않지만(그래서 작은 동물에게는 적합하지만, 대형 동물을 지탱할 수는 없다), 그 유연성은 날개 구조나 외부 갑옷으로서 기능하기에 매우 유리하다. 키틴질은 우리 인간에게도 유용하여 비료, 식품 첨가제, 유화제, 심지어 인공 피부나 생분해성 수술용 실 등과 같이 의료용으로도 사용된다.

외골격은 여러 단계로 조직된 정교한 미세구조로 이루어져 있으며, 강하면서도 유연해서 필요에 따라 적응할 수 있다. 건축가들은 여기서 영감을 얻어 내구성이 좋으면서도 외부 요인에 유연하게 반응하는 건축 구조를 개발했다. 이 같은 특성은 누르는 힘과 당기는 힘을 전부 버틸 수 있으므로, 지진이 자주 일어나는 지역에서 건물의 내진 기능을 향상하는 데 활용되고 있다. 또한 곤충의 성장과 발달에 따라 외골격이 적응하는 방식을 관찰한 건축가들은 이를 응용해 취약한 건물의 바깥쪽에 '건물 외골격' 구조를 도입함으로써 새로운 조건에도 유연하게 대응할 수 있게 만들었다.

## ─ 우리가 입는 옷이 벌레에 미치는 영향

우리가 입는 면 티셔츠나 폴리에스테르 바지가 벌레에 어떤 영향을 미치는지 생각해본 적이 있는가? 옷을 생산하고 염색하는 데에 사용되는 물과 화학물질은 얼마나 될까? 우리가 입는 옷 때문에 곤충이 사는 숲이 깎여나가고 날도래가 서식하는 시냇물이 오염되는 것은 아닐까? 음식뿐만 아니라 목재, 종이, 금속 등의 소비재를 생산하고 가공하는 것 역시 야생동물과 생태계에 큰 피해를 준다.

어떤 면에서는 이 문제도 식품 생산 이슈와 비슷하다. 한때는 숲이었거나 평화로운 소규모 농업이 이루어졌던 곳이 작물 집약적인 대규모 농장으로 탈바꿈하게 되면서, 토지 사용의 변화, 작물의 다양성 파괴, 무절제한 수자원 낭비와 수질오염, 생산 과정 곳곳에서 사용되는 갖가지 화학물질, 온실가스 배출 등 많은 문제가 발생하고 있다.

부끄럽게도 쓰레기 문제 역시 심각하다. 영국에서만 매년 약 30만 톤의 섬유 쓰레기가 냇가로 흘러가거나 소각되거나 매립된다. 의복에 쓰인 섬유가 재활용되는 경우는 1%도 안 된다.[21] 식품과 마찬가지로, 섬유 생산에 사용되는 토지, 화학물질, 에너지, 노동력이 쓸데없이 낭비되고 있는 셈이다. 현재 영국인들은 한 달에 평균 네 벌 이상 옷을 구매한다고 한다. 그렇다면 리버깅을 위해서는 어떻게 옷을 사고 입는 것이 좋을까?

## ── 목화 재배를 위해 숲을 파괴하다

이 문제는 특정 섬유 및 패션산업과도 관련되어 있다. 우리가 입는 면 티셔츠는 어디서 왔을까? 한때는 '하얀 금'이라고 불렸던, 지금은 꽤 거대한 산업을 이루고 있는 '목화'가 그 주인공이다. 주로 따뜻한 지역에서 약 3,500만 헥타르의 비옥한 토지가 목화 재배에 쓰이고 있다.

중요한 벌레 서식지들은 진작에 파괴됐다. 투르크메니스탄과 우즈베키스탄의 국경 옆 아무다리야강 유역에 있는 투가이숲Tugai forest은 원래 78종의 무척추동물, 그중에서도 나비, 풍뎅이, 잠자리 등을 포함한 희귀한 벌레들이 사는 주요 서식지였다. 뱀, 개구리, 철새 등 여러 동물이 벌레를 찾아 이곳에 모여들었으나, 현재는 숲의 80% 이상이 목화 재배를 위해 깎여나간 상태다.[22]

브라질의 열대초원 지대인 사바나 역시 원래는 신열대구(중남미, 북미 남부 지역, 카리브해 지역 등을 포함하는 동물 지리학적 영역)에 서식하는 4만 종의 나비·나방 중 25% 이상이 발견되고, 440여 종의 흰개미 중 거의 30%, 약 550종의 말벌 중 25%, 그리고 800여 종의 벌이 발견될 정도로 엄청난 생물량을 자랑하는 지역이었다. 그러나 현재 이곳에서도 목화 재배지가 점점 확장되고 있다. 곧 브라질은 세계에서 두 번째로(원래는 6위) 큰 목화 생산지이자 세계 최대의 목화

수출국이 될 전망이다. 매년 6,000km²의 산림이 파괴되고 있으며, 이미 자연 영역의 약 50%가 사라졌다. 많은 벌레가 목화에 밀려 내쫓긴 것이다.[23]

벌레가 해충 관리에 유용하다는 것은 잘 알려진 사실이지만, 벌레 서식지의 파괴와 농약 사용으로 목화밭에서는 생물학적 방제가 거의 이루어지지 못하고 있다. 목화밭에 사용되는 농약은 대개 목화명나방을 표적으로 한다. 목화명나방은 상당히 중요한 해충이

목화명나방 애벌레

다. 목화명나방의 애벌레는 따뜻한 지역에서 다양한 관개 작물을 먹고 살며, 목화송이 바닥에 구멍을 뚫고 들어가서 속을 파낸다.

목화명나방에게는 초록 풀잠자리, 갈색 풀잠자리, 침노린재, 쐐기노린재, 노린재, 반날개, 딱정벌레, 기생파리, 이리응애, 거미, 수십 종의 포식기생자 말벌 등의 자연 천적이 많지만, 농약을 사용하면서 이런 천적들이 사라졌다. 덕분에 나방 유충은 마음껏 목화를 먹으며 주요 해충으로 자리매김할 수 있었고, 이를 막기 위해 사람들은 지난 한 세기 동안 계속해서 독성과 효과가 다른 새로운 농약을 개발해왔다. 이것이야말로 농약이 불러온 악순환이다. 게다가 이는 유전자 변형 목화를 개발하게 된 주요 동기이기도 하다.

물론 이보다 더 나은 방법도 존재한다. 터키는 유전자 변형 목화를 개발하려는 움직임에 대항하여 종합적 해충 방제 방식으로 목화를 재배했다. 그 결과 1980년대 이후로 터키에서는 다른 국가보다 훨씬 적은 양의 농약을 사용하면서도 재배 비용은 줄이고 수확량은 늘릴 수 있었다. 말리공화국 역시 대안적인 해충 방제를 도입함으로써 화학물질 사용을 92%나 줄였다. 호주의 한 연구에서는 자연적인 해충 관리, 농약 사용 줄이기, 효율적인 물 사용, 천연비료 사용 등 자연농법을 활용한 목화 생산의 좋은 본보기를 제시했다. 이처럼 환경에 미치는 영향을 줄이면서도 충분히 목화 산업을 성장시킬 수 있는 실현 가능한 대안은 얼마든지 많다.[24]

## ─── 미세플라스틱 재앙

면섬유만 문제가 되는 것은 아니다. 가죽, 울, 실크 등의 섬유도 생산 및 가공 과정에서 무척추동물에게 피해를 줄 수 있다. 천연섬유는 식품 생산 과정에서 함께 생산될 수 있다는 점에서 다소 나은 점이 있긴 하지만, 그래도 현명하게 판단해야 한다. 가죽은 고기를 위해 사육되는 소에서 얻을 수 있으나, 가공 과정에서 상당한 피해를 일으킬 수 있다. 양과 염소를 키우는 사람들에게 매우 중요한 수입원이 되는 울은 옷으로 만들었을 때 기능이 뛰어나고, 유기농으로도 얼마든지 생산될 수 있다는 점에서 고무적이지만, 이 또한 과도한 방목이나 항생제 사용 등으로 벌레를 괴롭힐 수 있다.

그러나 지금 우리의 의류산업을 장악하고 무척추동물과 생태계를 가장 심각하게 위협하는 섬유는 바로 나일론, 폴리에스터 등과 같이 화석연료에서 나온 플라스틱 인공섬유다. 2016년 인공섬유 생산에 쓰인 플라스틱은 무려 6,500만 톤이었다.[25] 플라스틱 섬유의 가장 큰 장점은 해충 피해나 그 밖의 자연스러운 노화 과정에 강하다는 것이다. 면이나 울과 달리 인공섬유는 곤충이나 곰팡이에게 매력적인 먹이가 아니기 때문이다. 그러나 이것을 마냥 장점으로만 볼 수는 없다.

인공섬유나 그 밖의 플라스틱 제품에서 나온 작은 플라스틱 조각인 미세플라스틱은 현재 북극해부터 유럽의 강과 가장 깊은 대양에 이르기까지 지구상의 모든 곳에서 발견되고 있으며, 날도래 등과 같이 중요한 무척추동물에 영향을 미침으로써 해양 동물 전체의 번식, 성장, 생존을 위협하고 있다. 성충 날도래는 나방과 비슷하지만, 유충일 때는 물에서 살며, 빠른 유속에 떠내려가지 않기 위해 작은 조약돌 등으로 휴대용 '집'을 만든다. 날도래는 강 속의 나뭇잎 찌꺼기를 분해하는 중요한 역할을 하는데, 날도래가 나뭇잎 대신 미세플라스틱을 삼키는 일이 많아지면서 강 속 찌꺼기가 제대로 분해되지 않는 문제가 발생하고 있다.[26] 그리고 이는 모든 해양 생물에게 심각한 영향을 미치게 될 것이다.

플라스틱 조각이 작을수록, 매우 중요한 해양 벌레인 동물성 플랑크톤이 그것을 먹이로 착각할 확률이 높아진다. 이 작은 생물체는 바닷속 먹이사슬을 지탱하는 주춧돌로, 식물성 플랑크톤의 수를 통제함으로써 기후 조절에도 매우 큰 역할을 한다. 그러나 동물성 플랑크톤이 제대로 된 먹이가 아닌 플라스틱 조각을 삼킨다면 어떻게 될까? 더 무서운 사실은, 우리가 바다에서 일어나고 있는 미세플라스틱의 오염 정도를 심각하게 과소평가하고 있을지도 모른다는 것이다. 현재 바닷속에 우리가 추정하는 것보다 적어도 두 배 이상의 플라스틱 조각이 있을 것이라고 주장하는 연구도 있다.[27]

플라스틱은 바다뿐만 아니라 토양에서도 문제를 일으킨다. 지렁이는 흙 속에서 새로운 곳으로 이동하면서 박테리아, 곰팡이 포자, 원생동물(단세포 생물)과 같이 이로운 미생물을 토양에 채워 넣는다. 먹이를 먹고 배설하는 과정에서 미생물을 퍼뜨리기도 하고, 점액질의 몸에 들러붙은 미생물을 떨어뜨려 미생물을 물리적으로 퍼뜨리기도 한다. 어떤 방식이든 지렁이는 토양에 미생물과 균류를 제공하고, 낙엽이나 곤충 사체 등의 유기물 찌꺼기를 분해하여 영양소 순환을 돕고 식물의 성장에 도움을 준다. 지렁이가 땅을 파헤치고, 배설하고, 보금자리를 만드는 과정에서 토양의 물리적·화학적 성질이 개선되며, 그 덕분에 땅속에 사는 더 작은 벌레가 서식하기 좋도록 토양의 구조가 변화한다. 그러나 최근 미세플라스틱 오염이 지렁이의 성장을 저해함에 따라 식물의 건강 및 토양 구조에도 적신호가 나타나고 있다.[28]

해변에서 볼 수 있는 갯지렁이는 모래 안에 U자 모양 굴을 파고 살면서 먹이 조각을 여과하고 다른 종을 위한 서식지를 만든다. 지렁이와 마찬가지로, 갯지렁이도 조류의 주요 먹이 자원으로서 먹이사슬에서 핵심적인 위치를 차지하며, 전 세계 대부분 지역에서 서식한다. 미세플라스틱을 섭취한 갯지렁이는 제대로 된 에너지를 얻지 못하며, 플라스틱은 훨씬 오랫동안 소화기관에 머물기 때문에 염증을 일으킬 수 있다.

이뿐만이 아니다. 미세플라스틱은 표면적이 넓어서 염료나 유독한 화학물질, 바이러스 등을 수용할 수도 있다. 한 연구에서 아시아 태평양 지역의 159개 암초에서 12만 4,000개의 산호를 조사한 결과, 산호가 플라스틱과 접촉했을 때 질병 발생률이 4%에서 89%까지 증가했다.[29]

현재 자연으로 흘러 들어가고 있는 미세플라스틱의 양을 고려하면, 그 피해가 얼마나 심각할지 상상만 해도 끔찍하다. 우리는 이런 오염을 지금 당장 막아야 한다.

## ── 리버킹을 고려한 현명한 소비

우리는 자각하지 못한 채 무척추동물에게 해가 될 수 있는 물건을 너무 많이 산다. 예를 들어 가구나 종이처럼 나무로 만든 제품과 야자유는 엄청나게 많은 산림을 파괴한다. 알루미늄, 금, 리튬과 같은 광물을 채굴하는 것도 유독성 쓰레기를 만들어서 무척추동물이 사는 땅과 물을 오염시킨다.

우리가 먹고, 입고, 짓고, 쓰고, 버리는 물건 중 대부분이 무척추동물과 관련이 있으므로, 우리는 좀 더 현명하게 물건을 구매하고 소비할 필요가 있다. 만약 기업들이 환경에 대한 사회적 책임을 무겁게 받아들인다면, 친환경적으로 재배한 목화나 재활용 소재를 사용하여 옷을 만드는 등 가능한 노력을 이어갈 것이다. 현재 연구원들은 해로운 인공섬유의 대체제로 균사체를 이용한 가죽, 섬유 등 새로운 소재를 개발하기 위해 노력하고 있다.

한편, 정부는 제품 정보를 정확하게 표기하는 것을 의무화하고, 유독한 물질을 금지하고, 재사용 제도를 활성화하는 데에 관심을 가져야 한다. 고쳐서 쓸 수 없을 정도의 상품은 재활용되어야 하며, 거기에 쓰인 소재나 부품 등은 추출되어 재사용되어야 한다. 이것이 더 합리적인 선택이자 일반적으로 수용 가능한 선택이 되려면, 정책의 변화가 필요하다.

그러나 안타깝게도 대중의 압박 없이는 이러한 변화가 일어날 수 없다. 해로운 소재를 만들어내고 산림을 벌채하는 행위에 정부가 제동을 걸어줄 것을 요구해야 한다. 기업의 공급망을 투명하게 공개하고, 불법적인 또는 환경을 망가뜨리는 활동으로 생산된 제품을 금지하도록 촉구해야 한다. 그래야 제품의 재사용 및 재활용을 촉진할 수 있다. 원재료 생산자와 소비자 간의 연결고리를 만들려는 정책이 많이 나오고 있지만, 이 둘 사이의 거리가 너무 멀고 동떨어져 있기 때문에 실패하는 경우가 많다. 이러한 격차는 효과적인 해결책을 찾고 시행하지 못하도록 방해하는 요소이기도 하다.

나무로 만든 제품은 화석 연료 기반의 PVC나 시멘트보다는 나은 저탄소 소재지만, 지속 가능한 방법으로 자란 나무이거나 숲에서 적은 양만 벌채했다는 인증을 받은 제품인지 확인 후 이용하는 것이 좋다. 육류와 마찬가지로, 할 수 있는 한 목재 사용을 줄이고, 필요하다면 친환경 인증을 받은 목재 또는 재활용된 목재를 선택하도록 한다.

### 리버킹을 위한 실천

다음은 우리가 소비할 때 실천할 수 있는 쉬운 활동이다.

- 가공식품 소비와 포장 쓰레기를 줄이기 위해 될 수 있으면 신선한 채소를 구매하여 직접 요리한다. 환경뿐만 아니라 내 몸도 건강해질 수 있다.
- 모양, 크기, 색깔이 일정하지 않은 못생긴 과일과 채소를 구매한다! 보기에만 아쉬울 뿐 맛은 똑같이 좋을 것이다. 농산물을 '완벽하고' 균일하게 만들려는 목적만으로 너무 많은 농약이 사용되고 있다. 마트 홈페이지나 매장 내에 비치된 설문용지에 '예쁜 모양을 만들려고 농약을 쓴 제품은 원치 않는다'고 건의해보자.
- 먹을 수 있을 만큼만 만들고, 만든 것은 다 먹는다. 도저히 배가 불러서 다 먹을 수 없다면 이를 활용해 비료를 만들어보자.
- 외식할 때는 먹을 수 있을 만큼만 주문하고 남으면 포장해온다. 식당 주인에게 사용하지 않은 재료나 식품은 자선단체 등에 보내고,

남은 음식은 퇴비로 만들 것을 권유한다.

- 환경에 가장 좋은 옷은 '내가 이미 가지고 있는 옷'이다. 불필요한 구매는 자제하고, 이미 가진 옷을 재사용하거나 수선해서 입는다.

- 유기농 목화로 만든 면, 식품 생산 과정에서 얻을 수 있는 울이나 가죽 등과 같이 지속 가능한 소재로 만든 옷을 구매하여 오랫동안 입는다.

- 폴리에스터, 나일론, 아크릴, 폴리아미드와 같은 플라스틱 기반의 섬유를 사는 것을 피하고, 만약 샀다면 섬유 찌꺼기가 수도에 흘러 들어가는 것을 줄이기 위해, 세탁 시에는 빨래망에 넣거나 세탁기에 꽉 차게 넣고 낮은 온도에서 약하게 돌린다. 그리고 가능한 한 건조기 사용을 피한다. 탄소 발자국과 플라스틱 오염을 줄이는 데에 도움이 될 것이다!

- 자연 친화적이고 공정한 방법으로 생산된 목재는 이산화탄소를 흡수하여 가둬두는 탄소 저장고이며, 영구적으로 사용할 경우 온실가스를 배출하지도 않는다. 따라서 가능하면 지역 공급자에게 구매하거나 리퍼 제품을 구매한다.

좀 더 나아갈 수 있다면, 이렇게 해보자.

- 가능한 한 지역에서 생산된 제철 식재료를 구매하고, 내가 가장 많이 사용하는 물건 중 일부를 유기농 제품으로 바꾸는 것을 고려한

다. 인터넷에서 제철 농산물 정보를 얻을 수 있다.

- 산림관리협회FSC, Forest Stewardship Council와 같은 환경 단체에서 인 증한 제품과 유기농 제품을 구매한다. 재활용된 천연섬유, 옷, 종 이, 기타 소재(린넨, 목재, 가구)를 구매하면 더 좋다. 인증 마크만으 로 산림 파괴 자체를 끝낼 수는 없겠지만, 적어도 불법적이고 환경 파괴적인 벌채를 막는 데에는 도움이 될 것이다.

- 목초지에 방목하여 키운 육류와 유제품을 선택한다. 화학비료 없 이 갖가지 풀과 나무가 자라는 목초지에서 다양한 종의 가축을 사 육하는 목장은 야생동물에게도 좋은 서식지가 될 수 있다. 물과 토 양을 유지하며 탄소를 저장해서 온실가스 배출량을 줄이는 데에 도 도움이 된다. 게다가 가축에게 100% 풀만 먹이는 목장은 작물 재배가 어려운 땅을 활용하는 경우가 많다.

- 친환경 인증을 받은 생선만 먹도록 한다. 세계의 어류 자원 중 70% 이상이 남획되고 고갈되었으며, 이미 붕괴했다. 해산물을 살 때 더 나은 선택을 한다면, 지속 가능한 어업 방식을 보장함으로써 바다 를 지키며, 그곳에 사는 무척추동물을 보호하는 데 도움을 줄 수 있다.

다음은 실천하면 큰 효과를 낼 수 있는 활동이다.

- 사기 전에 생각하기. 물건을 생산하고 유통하고 사용하는 데에 들

어가는 재료와 에너지를 고려하면, 우리가 구매하는 거의 모든 것이 환경에 영향을 미친다. 일회용품 사용을 피하고, 지속 가능한 제품과 에너지 효율이 좋은 가전을 찾는다.

• 버리기 전에 생각하기. 종이와 목재를 재사용한다. 깨끗하게 사용한 물건은 가능한 한 재사용하거나, 고쳐서 쓰거나, 나눠 준다. 무언가를 버려야 한다면, 동사무소나 관리실에 문의해서 그것을 재활용하거나 처분할 수 있는 가장 좋은 방법이 무엇인지 확인한다.

• 새로운 식단을 시도한다. 유기농 식품 또는 농약을 사용하지 않은 것이 확실한 식품(직접 기른 채소 등)을 먹고, 육류와 정크푸드 섭취를 줄이고, 유기농 목초지에서 방목하여 키운 질 좋은 육류를 먹고, 플라스틱 사용을 줄인다.

• 야자유와 대두 등과 같이 환경에 피해를 주는 식품과 유전자 변형 식품의 섭취를 줄인다. 유전자 변형 식품은 대개 농약에 잘 버티도록 개발된 것이다. 콩이나 야자는 식품뿐만 아니라 비누나 샴푸에도 많이 쓰이니 주의하자.

•

## Chapter 7

# 정치와 경제
## : 벌레가 돌아오려면 바뀌어야 할 것들

무척추동물과 리와일딩을 이야기하면서 권력과 불평등이라는 주제를 다룬다는 사실이 이상하게 느껴질 수도 있겠지만, 여기서 책을 덮어버리지는 않길 바란다. 이러한 이슈를 언급하지 않고서는 리버깅에 관한 책을 쓸 수 없었다. 우리가 정말로 리버깅을 원한다면, 의사결정의 방법부터 바꿔야 한다. 사회 시스템 깊숙이 자리 잡은 경제적·정치적 요소를 변화시키지 못하면, 리버깅도 실패로 끝날 것이다. 무척추동물이 번성하려면 시스템이 달라져야 한다.

우리는 그저 정원사나 농부나 소비자로서만이 아니라, 시민이자 정치 참여자로서 무척추동물과 그들의 서식지를 보호하기 위해 움직여야 한다. 그동안의 환경 캠페인은 특정 보호구역이나 종을 지키는 데에만 지나치게 집중해왔다. 그것도 물론 좋은 전략이긴 하지만, 그것만으로는 무척추동물의 감소를 초래한 문제의 핵심에 도달하기가 어렵다. 이러한 요인은 겉으로 드러나지 않을 때가 많고, 거기에 개입하고 있는 강력한 세력은 자신들이 원하는 방향으로 정책을 끌고 가는 능력이 탁월하기 때문이다.

벌이나 흰개미처럼 복잡한 초사회super-societies를 이루는 벌레들은 각각이 맡은 역할과 책임이 명확하며, 매우 효과적인 의사소통 채널을 갖추고 있다. 각 개체는 자신이 무엇을 해야 하는지를 분명히 알고, 탄탄한 리더십을 바탕으로 침입자로부터 군집을 지키며, 일개미와 새끼들과 여왕개미가 적절한 영양분을 섭취하고 집이 잘 유지되도록 협력한다.

### 흰개미의 협력

흰개미는 보통 건물과 작물을 해치는 것으로 악명이 높지만, 알고 보면 성공적인 협동 사회의 정석이 무엇인가를 보여주는, 매우 멋지고 질서 정연한 곤충이다. 고도로 정교하게 지어진 개미집에서 서식하는 군집의 일원들은 복잡한 시스템 내에서 자기가 맡은 역할이 무엇인지를 안다. 그들은 복잡한 화학 신호와 진동 신호로 개미집을 지키는 방어체제를 조직하고, 필요하다면 군집을 위해 스스로 희생하기도 한다. 남미에 있는 프랑스령 기아나에 서식하는 종의 경우, 나이 많은 일개미가 문자 그대로 자폭하여 등에 저장되어 있던 유독한 푸른색 액체로 적을 뒤덮는 공격을 하기도 한다. 진정한 자기희생이다. 일개미는 직접 알을 낳지는 않고, 유충을 돌보거나, 먹이를 모으고, 집을 짓거나 지킨다. 흰개미 사회의 개체들은 이타주의를 통해 자신들의 유전자가 살아남을 기회를 높이고 있다. 공익을 위한 협력의 인상적인 사례다.

벌레는 또한 다른 종과 협력해서 상호 이익을 누리기도 한다. 불개미는 개미집을 청결하게 유지해주는 다른 벌레들과 공생하고, 슈마니 개미는 어떤 나무를 집으로 삼으면 그 나무의 성장에 방해가 될 만한 다른 식물을 제거해준다. 이러한 군집이 때로는 수백만의 개체로 이루어져 있다는 사실을 생각하면, 이는 복잡한 의사소통을 기반으로 한 환상적인 지배 구조를 보여주는 사례라고 할 수 있겠다.

반면 우리 인간은 사회를 잘못된 방향으로 이끄는 지배 구조를 발달시켜왔으며, 이를 통제할 힘도 거의 없다. 무척추동물은 우리와 자연의 관계가, 우리가 자연을 돌보는 태도가 정상에서 벗어났음을 보여주는 지표다. 그들의 다양성, 적응력, 그리고 개체 수를 고려하면, 그 어떤 동물보다도 무척추동물의 생존 능력이 뛰어난 것이 틀림없지만, 그런 그들조차도 다발적인 스트레스 요인은 견디지 못하고 사라진 것이다.

이렇게나 명백한 증거 앞에서, 수천 개에 달하는 단체들이 문제를 바로잡기 위해 지역 사회 및 국가적·국제적 차원에서 각고의 노력을 해왔음에도 아직도 이를 해결하지 못한 이유가 무엇일까? 왜 우리는 여전히 무척추동물에게 피해를 주는 의사결정만 하고 있는가? 무척추동물의 개체 수가 위태로울 정도로 감소하고 있음을 뒷받침하는 증거는 어째서 점점 더 많이 나오고 있는가?

그 원인은 현 기득권이 의사결정에 미치는 힘이 너무 강력해서 시스템 차원의 변화가 거의 일어나지 못한다는 것이다. 놀랍게도 이 기득권층에는 매우 거대하면서도 대체로 눈에 잘 띄지 않는 자산관리 회사도 포함되어 있다. 그들은 현재 누리고 있는 것을 포기하지 않기 위해서 사람들이 특정 오염원이나 환경 피해와 같이 시스템의 일부분 또는 한 가지 과제에만 지나치게 집중하도록 유도한다. 사실 근본적인 원인은 정책이나 상업적 관습 같은 다른 요인인데도 말이다. 권력과 영향력의 이슈는 겉으로 드러나지 않을 때가 너무 많다. 또한 우리는 논의하기가 까다롭다는 이유로 사회에 깊이 뿌리내린 시스템, 가령 가난이나 불평등, 과소비 문제를 다루기를 피하려는 경향이 있다.

이 같은 이슈는 리버킹과는 전혀 별개의 문제처럼 보인다. 그러나 의사결정 권한을 건드리지 않는 이상, 우리가 개인으로서, 공동체로서 하는 그 어떤 활동도 현 상황을 바꾸기에는 충분하지 않을 것이다. 거대한 식품 기업과 농·화학 기업, 대형 마트, 금융 산업이 무척추동물에게 영향을 줄 만한 문제의 의사결정 과정에 과도하게 개입하고 있기 때문이다.

권력과 지배 구조에 관한 한 우리도 개미 군집을 본받아, 상호 의존 관계가 복잡하게 얽힌 그물망 안에서 조화를 이루며 살아갈 필요가 있다. 너무나 당연한 지적처럼 보이겠지만, 세계를 지배하는 것이 아닌 전체 사회 및 자연 생태계의 공익을 중심으로, 자원을 공유하면서 사회 시스템 전체에 변화를 도모해야 한다.

현 실태를 정확히 파악하고 그것이 왜 리버킹을 하는 데 중요한지를 이해하려면, 형편없는 지배 구조와 정치, 불평등과 가난, 무분별한 소비지상주의 이 세 가지 문제를 살펴보는 것이 중요하다. 어려워 보일 수는 있겠지만, 진정한 리버킹은 이 문제를 어떻게 처리하느냐에 달려 있으므로 끝까지 관심을 잃지 않길 바란다.

## 자연에서 발견한 공생 관계

슈마니 개미는 히수타 나무에서 산다. 나무는 개미에게 집을 제공해주고, 개미는 나무를 초식동물로부터 보호해주며, 영양분과 빛, 공간을 두고 경쟁할 다른 식물이 근처에서 자라지 못하게 막아준다. 슈마니 개미는 잡아먹히는 순간, 레몬 맛이 나는 시트로넬라 페로몬을 분비하여 동료 개미들에게 위험을 알린다. 영어로 '레몬 개미lemon ant'라고 불리는 것도 이러한 이유 때문이다. 히수타 나무 근처에서 다른 식물이 자라기 시작하면, 개미들은 아직 어린 식물을 물어서 포름산(개미의 체내에 든 산성 물질)을 퍼뜨려 죽인다. 그러다 보니 슈마니 개미가 서식하는 거대한 공터는 히수타 나무 외의 다른 식물들은 자라지 못해 일명 '악령의 정원'이라고 불리는데, 이는 사실 히수타 나무와 슈마니 개미의 공생 관계 때문에 생긴 현상이다.[1]

이처럼 서로가 없으면 제대로 생존할 수 없는 관계를 가리켜 '절대적 상리 공생'이라고 한다. 꼭 과학적인 증거를 찾지 않더라도, 마구잡이로 이루어진 산림 벌채, 사냥으로 인한 종의 멸종 등 일어나는 현상만 봐도 우리는 인간과 자연의 관계가 얼마나 망가졌는지를 알 수 있다. 우리는 너무도 오랫동안 이러한 복잡한 관계를 무시한 채 제멋대로 자연을 이용했으며, 그 결과 지금은 인류의 생존 자체가 위협받고 있다.

## ── 형편없는 지배 구조와 정치

토지를 어떻게 사용하고 있으며, 그 변화의 양상은 어떠한지 평가하는 것은 무척추동물에 미치는 부정적·긍정적 효과를 측정하는 가장 쉬운 방법이다. 즉, 무척추동물의 생존과 복지에 가장 큰 영향을 미치는 요소를 알아보려면 토지 관리를 감독하는 의사결정권자에 대해 살펴봐야 한다.

정부가 동식물 보호를 위해 적절하게 대응하고 있는가? 아니면 주요 기업이나 토지 투자자가 의사결정에 가장 큰 영향력을 행사하는가? 대부분은 후자에 해당한다. 생물 다양성과 환경보호에 관심이 있는 기업과 투자자도 일부 있긴 하지만, 환경이 그들의 첫 번째 우선순위는 아니다.

농부나 수목 관리자, 그 밖에도 토지를 직접 관리하는 사람들은 생태계 보호를 위한 의사결정을 바라기도 하지만, 그들이 거래하는 기업이 상품을 헐값에 구매하려고 하거나 외관상 흠이 없는 상품을 요구하는 탓에 대부분은 현실과 타협할 수밖에 없다. 두 농장 사례를 기억하는가? 농부의 상품이 어떻게 거래되는지는 매우 중요한 요소다.

다음과 같은 몇 가지 사실을 보면, 토지와 관련해서 실질적으로 권력을 지닌 자가 누구인지 알 수 있을 것이다.

‣ 현재의 식품 거래망에서 가장 큰 힘을 가진 기업은 농산물 유통
기업이다. 6개의 기업이 전 세계 식품 거래의 대부분을 통제하고
있으며, 2018년 한 해 동안 3,769억 달러(약 498조 9,000억 원)를
벌어들였다. 그중에서 가장 큰 기업인 카길Cargill은 개인 소유의
다국적 기업으로 매출액이 1,150억 달러(약 152조 2,000억 원)에
이른다.[2]

‣ 이러한 거래를 관리하는 국가와 기업이 시장 안정성과 가격, 그리고
생산 그 자체에 미치는 영향력은 엄청나다. 결정권과 이익은
소수 기업의 손에 달려 있는 반면, 농부와 농장 종사자들은 토지
남용의 위험에 대해 보호를 거의 받지 못한 채 생산의 위험을 전부
떠안는다. 규모를 키우거나 집약적으로 농사를 짓지 않으면 수익이
날 수 없는 구조인 것이다. 벌레에게는 참으로 안타까운 소식이다.

‣ 전 세계 인구가 섭취하는 열량의 4분의 3이 대두와 밀, 쌀,
옥수수에서 나온다. 이 사실은 농업이 지나치게 획일화되어 있음을
뜻한다. 앞서 살펴봤듯이 이 또한 무척추동물에게는 전혀 바람직한
현상이 아니다.

‣ 우리가 마트에서 구매하는 가공식품이나 브랜드의 식품(신선한
농산물이 아닌 식품)은 몇몇 글로벌 식품 기업에 의해 생산되는
것이며, 이들은 규모가 작은 국내 기업들을 집어삼키면서 점점
더 덩치를 키운다. 이처럼 우리는 몇 안 되는 기업의 물건을

구매하면서도 '선택지가 많다'는 착각에 빠진다. 그런데 생각해보면, 애초에 우리가 비스킷을 살 때 굳이 30가지 종류 중에 골라야 할 필요가 있을까?

‣ 10개에 불과한 기업(네슬레, 펩시코, 코카콜라, 유니레버, 다논, 제너럴밀스, 켈로그, 마스, ABF Associated British Foods, 몬델리즈)이 세계의 거의 모든 대형 식품 및 음료 브랜드를 소유하고 있다. 그리고 이들은 식품 거래망에서 가장 큰 수익을 창출한다.[3]

‣ 30개밖에 안 되는 슈퍼마켓 체인이 글로벌 소매 식품 시장의 3분의 1을 장악하고 있다. 이들은 우유, 밀가루, 야자유, 소고기, 토마토 페이스트 등의 제품이 균일하게 생산될 것을 요구하며, 헐값에 대량으로 물건을 사들인다. 이는 농지와 농부 그리고 결국에는 벌레에게 큰 부담이 된다.

균형 있게 굴러가는 복잡한 생태계와 달리, 우리 사회는 완전히 한쪽으로 치우쳤다. 구매자와 판매자의 힘이 소수에 집중되면서 한쪽에서는 생산자를, 다른 한쪽에서는 소비자를 쥐어짠다. 내가 지난 수년간 시장점유율 규제를 마련하고 대규모 다국적 기업의 구매 방식을 개선하고자 캠페인을 해온 이유가 바로 여기에 있다. 그러나 아직도 갈 길이 멀다.

개미나 흰개미와 같은 사회성 곤충의 초군체 또는 복잡한 공생 관계를 참고하면, 어떻게 다 같이 자원을 공유하고 현명하게 사용할 것인지 아이디어를 얻을 수 있다. 그러나 화학물질이나 씨앗 등 인간의 생산 도구는 그것을 필요로 하는 사람들의 손에 있지 않을 때가 많다.

식물 종자와 가축 품종과 같은 유전적 자원은 식품, 목화, 농수산물, 축산물 생산에 꼭 필요한 요소다. 작은 농장을 돌보는 농부들은 매해 종자를 보관하고 공유하면서 질병 저항력, 맛 등의 형질을 수년에 걸쳐 개발하고 번식시킨다. 그러나 주요 농산물 시장과 거래하는 농장은 계약 시 요구 조건에 따라 특정 품종의 씨앗이나 가축을 매년 구매해서 사용해야 하기 때문에 그렇게 할 수가 없다. 그 결과, 농장에서 사용되는 식물 종자와 가축 품종 역시 소수에 집중되는 현상이 일어나고 있다. 2018년에는 등록 상표가 있는 종자의 전 세계 판매량 중 60%가 겨우 4개 기업에 의해 거래됐으며, 축산업의 경우에는 사실상 단 3개 기업이 세계 가금류의 품종 전체를 관리 및 유통한 것으로 드러났다.[4]

유전자 변형 종자의 증가 또한 농약과 화학비료 사용, 단일재배 여부에 영향을 미치기 때문에 우리가 모두 염려해야 할 중요한 문제다. 최근 독일의 제약 회사 바이엘은 동시에 5가지 종류의 농약에 버틸 수 있는 옥수수 품종을 개발했다.[5] 이는 엄청나게 독한 화학물질을 땅 위에 뿌리고, 땅속에 사는 무척추동물에게 화학물질을 먹이겠다는 것이나 마찬가지다. 그곳에 사는 벌레들이 금세 말살될 것은 자명하다.

농약과 비료 역시 소수의 기업에 의해 통제되고 있다. 2017년 기준으로, 고작 4개 기업이 세계 농업용 화학물질 판매량의 70%를 담당했으며, 10개 기업이 세계 인공 비료 판매량의 50% 이상을 담당했다.[6]

끝으로, 내가 앞에서 거대 투자사들을 언급했던 이유는 무엇일까? 사실 현재 농업 분야의 거대 기업 중 상당수는 성장 가능성이 보이는 곳이라면 어디든지 투자하는 주요 자산관리회사가 소유하고 있다. 2016년 말에 이루어진 한 평가 결과에 따르면, 세계에서 제일 큰 5개 투자사(토지나 식품과는 전혀 상관이 없는 회사)가 세계적인 종자 회사 5군데에 지분을 갖고 있었다.[7] 이러한 투자사들은 사실상 농업과 너무 동떨어져 있으므로, 그들이 어떤 방식으로든 벌레나 환경을 위해 행동하거나 또는 그렇게 행동할 만한 동기가 있다고 기대하기 어렵다. 이 상황을 개미의 초군체에 비유하자면, 딱정벌레 몇 마리가 자기는 먹을 수도 없는 개미의 먹이를 전부 가져가서 통제하는 것과 같다.

그들이 농장, 토지, 산림과 관련된 의사결정을 내리고, 농부나 토지 관리자의 소득을 좌우하며, 작물의 종류와 종자를 결정하는 데에 미치는 힘은 지난 한 세기 동안 계속해서 급격하게 증가해왔다.

따라서 그들이 현재 전 세계 무척추동물에 지대한 영향력을 행사하고 있다는 것은 부인할 수 없는 사실이다.

## 리버깅을 위해 통제권 되찾기

이러한 기업들은 제품의 판매를 제한하거나 환경과 농부를 보호하기 위한 규제가 생기는 것을 막으려고 막대한 자금을 들여서 로비 활동을 한다. 2019년 미국의 경우, 농산물 기업이 정부에 로비하는 데 들인 돈이 약 1,390억 달러(약 184조 360억 원)에 달했으며, 적어도 1,149명의 로비스트(특정 단체의 부탁을 받고 입법과정에 영향을 끼치는 대리인)가 정당의 고위직과 접촉하여 기업에 유리한 법률과 규정이 유지되도록 활동했다.[8]

　로비스트가 화학물질의 허가와 통제 등과 같은 의사결정에 미치는 영향력은 실로 엄청나다. 공공보건이나 환경적 유해성을 이유로 다른 나라에서는 금지된 살충제가 미국에서는 여전히 허용되고 있다. 미국에서도 자연을 보호하려는 움직임이 강력하게 일어나고 있으나, 이 움직임이 기업과 같은 자본과 힘을 갖추지는 못한 상태다. 물론 유럽에도 기업 로비스트가 적지 않다. 그들은 영향력 있는 자문위원회 등에 침투하여 고위 관리와 회의를 하고, 의회의 산업 전담 부서에 자금을 대고, 전문가를 고용하여 로비 활동에 대한 조언을 얻는다. 그러나 벌레를 위한 로비 활동은 누가 해주겠는가?

농화학산업이 어떻게 운영되는지, 그리고 농약 규제에 관한 의사결정에 영향을 미치기 위해 얼마나 많은 돈이 들어가는지 보여주는 안타까운 사례가 하나 있다.[9] 바로 다국적 농업기업 몬산토의 베스트셀러 제초제 '라운드업'과 관련된 이야기다. 라운드업은 발암물질로 추정되는 글리포세이트가 주성분임에도 불구하고 세계에서 잡초 관리에 가장 많이 쓰인다. 글리포세이트에 저항할 수 있게 유전자를 변형한 작물을 대상으로, 주로 대규모로 살포한다. 이것이 무척추동물의 먹이와 서식지, 환경에 심각한 피해를 준다는 것은 말할 것도 없다.

글리포세이트 이야기는 몬산토 같은 기업들이 얼마나 은밀하면서도 강력하게 로비 활동을 벌이는지를 보여준다. 이들은 글리포세이트 전문위원회GTF, Glyphosate Task Force라고 불리는 기업 컨소시엄을 조직해 활동을 펼쳤다. 글리포세이트의 허가 갱신(계속 판매 가능하다는 뜻)을 담당하는 부서에서 평가 보고서를 작성했을 때, 보고서 수십 페이지가 몬산토에서 GTF를 대표해서 제출한 신청서의 내용과 일치하는 것으로 나타났다. 이와 비슷한 예로, 유럽에서는 벌에게 치명적인 네오니코티노이드계 살충제가 1980년대부터 부분적으로 규제되고 있으나, 아직도 꾸준히 기업들의 압박을 받고 있으며, 다른 지역에서는 네오닉스가 여전히 널리 판매되고 있어서 전 세계 무척추동물에게 지속적인 피해를 주고 있다.

우리는 위험이 닥치면 다 함께 협력하여 군집을 보호하는 일개 미처럼 행동해야 한다. 정부 또는 권력을 가진 자들의 의사결정이 자연과 우리 사회를 보호하도록 하는 것이 현재 우리가 직면한 가장 큰 도전 과제일 것이다. 의사결정자들은 분명히 대형 기업과 분리되어 독립적으로 판단하고 결정해야 하며, 우리는 시민으로서 마치 병정개미처럼 경각심을 가지고 그들을 감시해야 한다. 환경문제를 조사하고 정치인과 기관에 관련 책임을 묻는 단체들의 활동을 대중이 지지하고, 참여해야 한다는 뜻이다.

## 벌레가 만든 조화로운 고층 건물

산호초는 하나의 구조물 안에서 무척추동물을 비롯한 여러 동물이 살고, 먹고, 숨고, 사냥하고, 번식하고, 죽을 수 있도록 매우 특별한 환경을 제공해준다. 그런데 이 산호초를 형성하는 것이 바로 벌레다. 작은 산호충(해파리와 같은 자포동물에 해당, 폴립이라고 부르기도 함)이 바닷물에 녹아 있는 미네랄을 이용해서 석회질 외골격을 형성하고, 이 외골격이 융합되어 거대한 구조물이 만들어지면, 수천 종의 동식물이 사는 집이 되는 것이다. 산호충 자체는 색깔이 없지만, 산호충 내에 살며 산호충의 배설물로 광합성을 하는 조류의 색조에 따라 산호의 색이 형성된다. 집과 먹이를 얻은 대가로 조류는 산소와

탄수화물을 생산함으로써 산호의 형성과 성장을 돕는다. 새우, 닭새우, 게 등 많은 무척추동물이 이 고층 건물을 집으로 삼고 살아간다. 그중에서도 성게는 산호초를 질식시킬 수도 있는 조류를 청소해주어 이에 보답한다. 다이내믹하고 조화롭게 굴러가는 이 아름다운 공생 사회의 중심에도 작은 핵심종 벌레가 있다.

## ── 불평등과 가난

환경과는 전혀 무관한 이슈 같지만 사실 불평등은 여러 방면으로 무척추동물에게 피해를 준다. 토지 소유는 정치적·역사적 이슈와 얽혀 있을 때가 많다. 우리는 이 주제를 회피해서는 안 된다. 정치적으로 까다로운 주제이긴 하지만, 어쨌든 무척추동물을 위해 더 나은 세상을 만들려면 반드시 다뤄야 할 문제다.

채굴, 산림 벌채, 토양 고갈, 유독한 화학물질의 오염 등과 같이 땅을 올바르게 사용하지 않았을 때, 결국 가장 큰 피해를 받는 사람들은 소규모 농부 등을 비롯한 가난한 사람들이다. 가장 취약 계층에 있는 그들은 토지의 침해나 수탈을 막을 수 있는 법적 자원, 소유권 또는 소작권, 정치적 권력이 부족하다. 국내 기업이나 다국적 기업, 심지어 정부조차도 틈만 나면 그들의 땅을 헐값에 사들이거나 빌린다. 힘이 없는 그들은 자신의 토지와 주변 자연이 오염되고 망가지는 것을 막지도 못한다. 전 세계에서 일어나는 사례를 보면, 이 같은 문제는 환경적으로도 큰 손해일 뿐만 아니라 땅을 소유하지 못한 사람들과 가난하고 배고픈 사람들의 강제 이주를 일으킬 수도 있다.

생계를 유지하고 가족들을 먹여 살리고 학교에 보내는 일이 작물을 키우고 수확하거나 가축을 키우는 일에 크게 좌우된다면, 그들은 자기 주변의 자연환경을 의지하고, 소중하게 돌볼 것이다. 화전민과 베짜기개미가 좋은 예다. 베짜기개미는 나무 위에 실크로 수백 개의 둥지를 짜서 군집을 이루고 살면서 나무에 사는 해충을 잡아먹는 매우 훌륭한 포식자다. 그래서 아시아에서는 화전민들이 일부러 베짜기개미 군집을 돌보는 경우가 많았다.

수년간 땅과 숲을 키우고 보살핀 사람들은 나무, 물, 토양 영양분, 해충 포식자 등의 자연 생태계가 어떻게 기능하는지, 그리고 이를 어떻게 보호할 수 있는지 저절로 이해하게 된다. 그러나 이들이 땅을 빼앗기거나 새로운 체제가 들어서면, 여러 세대에 걸쳐 쌓아온 정교한 생태계가 무너질 수 있다. 지난 한 세기 동안, 이 같은 현상이 대규모로 가속화되어 왔다. 산림을 벌채하고, 목초지를 만들고, 작물을 재배하고, 자원을 채취하기 위해, 심지어 지역 공동체의 생계가 아닌 수출을 목적으로 하는 산업 때문에, 기존 공동체들은 저항한 번 제대로 못 하고 힘없이 밀려났다.

## 땅은 생명이다

파라과이의 차코 지역에 있는 작은 숲속 마을을 방문한 적이 있다. 그곳의 농부들을 만나 이야기를 나누면서 토지 수탈의 영향력을 직접 보고 느낄 수 있었다.[10] 그들의 작은 농지 바로 옆에는 브라질인 소유의 거대한 밭이 자리 잡고 있었다. 유전자 변형 콩을 재배하는 대규모 플랜테이션 농장이었다. 원래 그곳에 살던 사람들은 수 세기 동안 수풀이 우거진 지역에서 자신의 가족과 공동체를 먹이기 위해 다양한 작물과 동물을 키우며 살아왔다. 그러나 지난 10년간, 돈에 매수된 몇몇 사람들이 콩을 재배하는 거물들에게 자신의 토지를 넘겼고, 새로운 주인은 그 땅을 불도저로 밀고 곤충이나 다른 생물체는 없이 오직 콩만 자라는 땅으로 만들어버렸다. 그곳에서 생산된 콩과 기름은 유럽과 동양에서 대규모로 사육되는 돼지, 가금류, 젖소 등을 먹이기 위해 수출됐다.

그 작은 마을의 농부는 내게 "땅은 생명"이라고 말하면서, 우리가 소비하는 값싼 육류가 그들의 다채롭고 조화로운 생태계를 위협하고 있다고 이야기했다. 그는 올해에 벌써 세 번째로 심은 작물이라며 자신의 토마토 묘목을 보여주었다. 플랜테이션 농장에서 뿌린 제초제 때문에 앞서 심은 두 작물은 그냥 시들어버렸다고 한다. 그러한 생태계의 파괴를 직면하고도 담담해 보이는 그의 얼굴을 보니 마음이 쓰라렸다.

가난과 불평등이 무척추동물에 해를 끼치는 두 번째 이유는 생산 비용을 낮추려는 동기와 관련이 있다. 가난한 사람들은 더 저렴한 식품을 소비한다. 이는 필연적으로 생산의 직접적인 비용을 낮추도록, 즉 토지와 가축으로부터 얻는 수확을 최대화하도록 만든다. 그러면 결국 화학물질을 사용하여 집약적으로 재배 또는 사육하는, 무척추동물에게 가장 해로운 시스템에 의존할 수밖에 없다. 가난과 불평등을 일으키는 요인에는 기계화로 인한 일자리 감소도 있다. 농장의 기계화로 일자리를 빼앗긴 일꾼들은 어쩔 수 없이 도시로 향한다. 그러나 적절한 정책이 없으면 거기서도 역시 가난에서 벗어나지 못한다. 기계의 발달은 얼핏 인류의 진보처럼 보이지만, 이를 위해 치러야 하는 대가는 너무나도 크다.

## ── 자연과 동등한 관계 이루기

설상가상으로 '사회적' 불평등은 또한 '자연적' 불평등도 초래하고 있다. 나는 환경, 경제, 정치가 인간과 자연 간의 상호작용, 그리고 개개인 간의 상호작용을 통해 긴밀하게 연결되어 있다고 생각한다.

세계의 거의 절반이, 즉 30억이 넘는 인구가 하루에 2.5달러도 안 되는 돈으로 살고 있으며, 이들 중 4분의 3이 시골에 살고 있다는 사실을 고려하면, 가난과 불평등과 환경보호가 서로서로 연관되어 있음이 분명하다. 그렇다. 우리는 자원을, 토지를, 세계를 제대로 공유하지 못하고 있다.

이러한 사실은 우리와 자연 세계 간의 불평등을 다루는 데에도 적용될 수 있다. 현재 우리와 자연 세계의 관계는 동등하지 않다. 우리는 인간이 자연 세계와 그 안에서 살아가는 생물체들을 완전히 지배해야 한다고 생각한다. 그러나 농작물을 지키려고 개미와 공생했던 화전민과 달리, '자연을 통제'하려고 애쓰는 우리는 그에 걸맞은 지식도, 기술도, 그리고 모두에게 좋은 방향으로 잘 통제하려는 의지도 상실한 상태다.

예를 들어 우리가 정원에서 어떤 벌레를 없애려 한다고 가정해보자. 많은 사람들이 잡초 하나 없이 깔끔하게 잔디를 관리하며 꽃에 살충제를 뿌린다. 그런데 애초에 왜 벌레를 없애려 할까? 게다가 우리는 좁은 축사에 가축들을 가둬놓고 키우면서, 가축을 먹이겠다는 이유로 유전자를 변형하고 화학물질을 퍼부어가며 대량의 곡물 사료와 먹이를 만든다. 그 정도로 단백질을 많이 섭취해야 하는 것도 아니면서 값싼 육류를 얻기 위해 벌레의 터전을 빼앗았다. 너무나도 불공평하고 불필요한 일이지만, 식품을 저렴한 가격에 거래하기에는 더없이 적합한 조건이다.

인간의 간섭만 없으면 다른 동식물과 균형을 이루고 사는 곤충들과 달리, 우리 인간은 오랫동안 자연과 우리 모두에게 해를 입히는 상황을 만들어왔다. 그러니 이제는 이를 뒤집기 위해 필사적으로 노력해야 할 때다.

불평등과 생물 다양성의 손실 사이에도 결정적인 연결고리가 있다.[11] 연구원들은 불평등을 나타내는 지표인 '지니계수Gini coeffi-cient'가 증가함에 따라, 감소하는 종 또는 멸종 위기에 처한 종의 수도 유의미하게 증가했음을 발견했다. 지니계수는 국가 또는 특정 그룹 내의 소득 불균형을 측정하기 위해 널리 쓰이는 통계 도구로, 0은 소득의 완전한 균등 분배를, 1은 완전한 불균등 분배를 뜻한다. 연구원들이 발견한 사실에 따르면, 불평등이 클수록 생물 다양성의 손실 폭도 크게 나타났다. 앞에서 살펴봤듯이 환경문제는 다시 불평등에 영향을 미치므로, 여기에는 복잡한 역학관계가 작용하고 있다고 할 수 있다. 앞으로 더 많은 연구가 필요하긴 하지만, 어쨌든 연결고리가 있다는 것만큼은 명확하다.

먼저 불평등의 추진 요인 중에는 과소비를 자극하는 행동적 열망이 있을 수 있다. 또한 부자들이 점점 더 많은 것을 소유할수록, 나머지 사람들에게 필요한 것을 공급하기 위해 더 많은 자원이 필요해져서 더 심각한 자연 파괴가 일어날 수도 있다. 경작할 땅과 연료를 위해 숲을 베어내면 그곳에서 살던 저소득층 공동체는 삶의 터전마저 빼앗긴다. 그뿐만 아니라 불평등은 자연 보호를 위한 단체 행동을 방해할 수도 있고, 불평등이 너무 심각하면 가난을 먼저 해결해야 한다는 압박 때문에 환경 정책이 관심을 얻기도 어렵다.

연구원들은 오염 규모나 생물학적·물리적 조건 등 다른 요인을 통제한 후에도 불평등과 자연 파괴 간의 관계가 꾸준히 지속된다는 사실을 발견했다.[12] 그만큼 강력한 영향력을 행사하는 요인이라는 뜻이다. 그러나 다행히 최근 들어, 벌레를 보호하는 것이 결국 우리 자신을 돕는 것이라는 인식이 생겨나기 시작했다. 2020년, UN은 생물 다양성을 보호하겠다는 뜻을 발표했는데, 그중에는 생물 다양성 이슈와 인권 문제를 함께 다루겠다는 계획도 있었다. 그들은 경제·사회·정치·기술 시스템에 중대하고 깊은 변화가 일어날 때 비로소 무척추동물을 포함한 생물들의 다양성을 지키겠다는 목표를 달성할 수 있다고 밝혔다. "생물 다양성의 하향 곡선을 꺾으려면, 불평등 곡선도 꺾어야 한다"라는 말이 당시에는 꽤 충격적인 선언이었으나, 현재는 대부분 국가가 이에 동의한다.[13] 만약 우리가 이 목표를 성공적으로 이룬다면, 파라과이의 농부는 자신의 땅을 빼앗기지 않을 것이다. 저렴한 육류를 위해 그렇게 많은 자원을 낭비하는 일이 사라질 테니 말이다.

## ── 무분별한 소비지상주의

무척추동물은 딱 필요한 만큼만 쓰고, 낭비하는 법이 없다. 그러나 우리의 소비 모델은 지속 가능한 생산과는 거리가 멀다. 급증하는 소비는 생물 다양성의 감소를 초래했다. 자원 고갈, 상품의 생산 과정에서 일어나는 각종 오염, 온실가스 배출량 증가, 쓰레기와 폐기물 증가로 인한 환경오염, 더 많은 종의 멸종 등 무분별한 소비가 가져온 결과는 한둘이 아니다. 건강 측면에서 봐도 우리는 지나치게 많이 소비하고 있다. 세계 인구 중 20억이 과체중 또는 비만에 해당한다. 과학자들은 이처럼 심각한 문제들을 효율적으로 다룰 방법은 과하게 소비하는 생활방식을 바꾸는 것뿐이며, 과소비는 시장 경제에도 문제를 일으킨다는 데에 동의한다.[14]

몸무게를 좀 더 가볍게 하기 위해서든, 벌레를 위해 물과 공기와 토양을 깨끗이 하기 위해서든, 우리는 개인적인 차원의 노력도 게을리하지 않아야 한다. 적게 사고, 쓰레기를 줄이고, 가능하면 지속 가능한 방식으로 생산된 물건을 구매하는 등 우리가 실천할 수 있는 일이 많다. 그러나 이는 성장 기반의 경제가 요구하는 것과는 심하게 충돌된다. 많은 기업이 엄청난 돈을 쏟아부어 정교하게 설계한 마케팅을 통해 사람들이 더 많이 소비하도록 부추기기 때문이다. 정치인들은 여전히 국내총생산GDP에 집착한다. 지나치게 많은 물건과 생산 활동으로 인해 자연이 파괴되고, 사회의 불평등이 심화됐으며, 그로 인해 벌레들이 위험에 빠지게 되었는데도 말이다. 이를 막으려면 리버깅 활동과 더욱 강한 결속력, 그리고 지속 불가능한 성장에 기대지 않는 새로운 경제 패러다임이 필요하다.

### 가축을 키우는 벌레

거대한 참나무에는 수천 가지 무척추동물 종이 살고 있는데, 그중에서도 갈색 개미와 참주둥이왕진딧물 간의 재미있는 유대 관계는 비교적 최근에야 밝혀졌다. 개미는 통통한 진딧물에게서 달콤한 단물을 짜는 대신, 마치 우리가 소를 키우듯이 진딧물을 돌봐준다. 진딧물이 나무 수액을 빨기에 가장 좋은 위치에 데려다주고, 이끼 등으로 만든 쉼터도 마련해준다. 적의 방해를 받을 때면 그들의 '가축 떼'를 빠르게 이동시킨다. 작은 진딧물은 턱으로 들어서 옮기고, 나머지는 몰아서 더 안전한 쉼터로 데려간다. 여기서도 공생 관계를 엿볼 수 있다.[15]

## ─── 더 나은 미래

생계 유지에 꼭 필요한 만큼만 자연에서 자원을 얻을 수 있도록 권한과 수단을 제한하는 것이 필요하다. 다국적 기업에 의한 착취와 토지 수탈을 멈춰야 한다는 뜻이다. 토지 개발 관련 안건은 결속을 바탕으로, 실질적인 영향을 받는 공동체에 의해, 공정하고 투명하게 이행되어야 한다. 만약 시장 상황이나 다른 조건 때문에 어렵다면, 경제적 보상을 제공함으로써 환경을 고려한 선택을 하도록 유도할 수 있다.

산림과 같이 중요한 자원을 보존하거나 관리하는 공동체에 보상을 제공하고, 여기서 일자리를 창출해야 한다. 자연 자원과 친환경 농업 기술에 투자가 이루어져야 하며, 가난하고 소득이 낮은 지역을 위주로, 리스크가 낮고 과도한 대출 없이 탄력적으로 운영할 수 있는 생산 방식이 촉진되어야 한다.

실제로 몇몇 아프리카 국가의 목화 농장에서는 이와 같은 접근이 이루어져 훌륭한 본보기가 되고 있다. 앞서 말했듯이 목화는 상당히 재배하기가 까다로운 데 반해 수요가 많은 작물이다. 국제농약행동망은 지난 20년간 베냉과 에티오피아에서 유기농 목화를 재배하는 농부 수천 명을 지원해왔다. 그들은 지역 사회와 협력하여, 비싸고 해로운 농약을 사용하지 않고도 좋은 작물 재배, 종합적 해충 방제, 토양 개선이 얼마든지 가능하다는 사실을 입증하고자 했다. 그들이 지킨 5가지 핵심 원칙은 직접적인 훈련과 지원(농부 학교 등), 마을 협동조합 설립, 농약을 대체할 수 있는 해충 관리 기술 제공, 여성과 소녀의 인권 신장, 식품 안전 개선이었다. 결과는 인상적이었다. 농장 공동체는 그들이 키운 유기농 목화를 거래하여 이전보다 훨씬 높은 이익을 거두었고, 무척추동물을 비롯한 자연 생태계도 풍요로워졌다. 이것이야말로 '윈윈'하는 시나리오다.

## Chapter 8

# 벌레가
# 돌아온 세계

도입부에서 묘사한 것과 완전히 다르게, 우리의 일상과 지구에 벌레
가 돌아온다면 그 미래가 어떤 모습일지 상상해보자. 어떤 풍경이
펼쳐지고, 어떤 향기와 소리가 날까? 그러한 미래를 사는 우리는 어
떤 기분일까?

　모든 풀밭과 공원마다 사람들이 앉거나 걸을 수 있는 약간의
공간만 빼고, 마치 미용실에 가지 못해서 아무렇게나 자란 아이들의
머리카락처럼, 나머지 공간에 풀이 무성하게 자라 있다면 어떨지 상
상해보라. 온갖 종류의 풀과 꽃이 모습을 드러낼 것이다. 정원과 공
원을 가꾸는 사람들은 특정한 풀과 식물이 꽃을 피우고 열매를 맺으

려면 언제쯤 풀을 다듬어주는 것이 좋은지를 연구할 수도 있다.

먹이가 풍부해진 새로운 서식지에는 점점 더 많은 종의 새와 포유동물이 번성할 것이다. 가령 도심 한복판에 새롭게 조성된 서식지와 (살충제를 치지 않은) 먹이에 이끌려 귀여운 고슴도치가 나타날지도 모른다. 나도 이전에 도심 근처 교외에 살던 시절에는 고슴도치를 종종 보곤 했다. 그때처럼 그들을 또다시 보고 싶다.

주변에서 볼 수 있는 식물과 풍경이 놀라울 정도로 다양하고 풍부해질 것이다. 누군가는 동네가 지저분해 보인다고 투덜댈지도 모르겠다. 그러나 얼마 지나지 않아 그들도 길가에서 한들거리는 꽃, 다듬지 않은 풀, 빽빽하게 자란 산울타리와 관목과 나무 등이 주변을 가득 메운 풍경과 그것이 선사하는 매력과 즐거움에 금세 눈을 뜰 것이다.

완벽하게 정돈된 잔디밭을 가꿔야 한다는 압박에서 벗어난 정원사들은 해충 관리에 좀 더 시간을 할애할 수 있게 되어, 살충제 대신 생물학적 방제를 이용할 계획을 세울 수 있다. 사람들은 누구의 정원이 가장 깔끔한지가 아닌, 누구의 정원이 가장 다채로운지를 두고 경쟁할 것이다. 학교도 예외가 아니다. 학교 안에도 풀과 나무가 무성하게 자란 녹지 공간이 생겨서, 아이들은 그곳에서 자연을 직접 느끼고 배울 것이다.

어디를 둘러봐도 아름다운 풍경이 가득할 것이다. 모든 사람이 자신의 집과 마을과 도시와 직장을 리버깅하기 시작하면서 곳곳에서 식물이 자랄 것이다. 점심을 먹으러 가는 길옆으로, 또는 아이들이 뛰어노는 놀이터 옆으로, 꽃이 흐드러지게 피고 온갖 벌레가 붕붕대는 풀밭이 펼쳐진 모습을 떠올려보라.

주변을 리와일딩하면 신비로운 자연을 목격할 것이다. 밖을 나서서 길을 걸으면 더 많은 생물체가 다가와 우리에게 인사를 건네리라. 벌레, 꽃, 식물, 비옥한 토지가 풍부한 새로운 녹지 공간에는 벌레뿐만이 아니라 새와 다른 동물들도 모여들 것이다.

벌레가 돌아온 세계는 우리의 모든 감각을 어루만져준다. 꽃피우는 식물들이 뿜어내는 향기, 풍부한 색채, 갖가지 생명의 소리가 도시와 교외 곳곳을 채운 모습을 상상할 수 있다. 창가에 놓인 자그마한 화분부터 커다란 공원까지, 모든 곳에 풍부한 식물에 이끌린 벌레들이 돌아올 것이다. 야생화가 핀 길을 걸으면서, 들판에는 그저 한 가지 색깔만 있는 것이 아니라 다채로운 초록빛과 색색의 나비와 꽃등에가 가득하다는 사실을 알아차리는 날이 올 것이다.

논밭에는 토종 가축들이 한가롭게 풀을 뜯고, 갖가지 작물이 자라 마치 모자이크처럼 하나의 그림을 이룬다. 그 안에서 곤충, 거미 등 다양한 야생동물이 어지럽게 모여 산다. 토양이 점점 비옥해짐에 따라 다양한 종류의 쇠똥구리와 지렁이가 흙을 메우고, 꽃등에와 벌이 작물 사이를 오가며 바쁘게 꽃가루를 옮기고, 산울타리에는

포식자 말벌이 나타날 것이다. 깨끗한 강물에는 파리 유충 덕분에 물고기가 늘어나고, 하루살이를 먹으려고 제비가 급강하는 장면이 우리의 눈길을 사로잡을 것이다.

도시가 이 정도이니, 시골 풍경은 더더욱 놀라우리라. 자연은 자기만의 방식대로 흘러갈 것이다. 사람들은 일하다가도 종종 척추동물과 무척추동물의 방문을 받고 즐거워할 것이다. 리버깅이 긍정적인 결과물을 보여줄수록 더 많은 리와일딩 프로젝트가 시행되고, 쓰레기를 덜 만들수록 리와일딩할 수 있는 공간이 늘어날 가능성이 높다. 무척추동물에게 맡겨두면 그들은 자연스레 리와일딩을 이루어낼 것이다. 그리고 그것은 지금도 일어나고 있는 일이다.

우리는 자동차 앞 유리에서 더 많은 벌레를 보게 될 것이다.

정신이 아득해질 정도로 짜릿한 상상이다. 과학자이자 환경운동가로서 나는 비현실적인 꿈에 취하지 않는 편이다. 그러나 이 책을 쓰면서는 희망을 찾았다.

조금만 더 나아가보자. 우리의 일상생활이 조금만 더 벌레와 닮아간다면, 꼭 필요한 것만 소비하고, 재사용하고, 고쳐서 쓰고, 나눠 쓰고, 좀 더 다양한 음식을 먹고, (흰개미처럼) 사회적 군집으로 일한다면, 우리는 거의 아무것도 낭비하지 않을 수 있다. 우리가 생활하고, 사고, 입고, 먹고, 소비하는 방법을 근본적으로 바꾼다면, 그리고 다 함께 공유하는 이 지구를 보호하기 위해 진심으로 협력한다면 어떨지 상상해보라. 그리고 이러한 작은 변화가 정책에 반영됨에 따라 거대한 변화가 일어나기 시작한다면?

새로운 시스템 덕분에 농부와 그 밖의 토지 사용자들이 소매점이나 식당으로부터 더 나은 보상을 받을 뿐만 아니라, 벌레와 자연을 고려한 방식으로 작물을 재배하고 토지를 가꾼 것에 대해 시민들의 지지를 받아 좀 더 풍족하게 생계를 꾸리게 될 것이다.

우리가 먹고 구매하는 것에도 변화가 일어나길 꿈꾼다. 지역에서 난 곡물, 기름, 채소, 콩류, 과일, 육류를 계절에 맞게, 다양하게 먹는다. 육류 섭취량은 줄이되 질 좋은 고기를 먹음으로써, 대량 사육 시스템이 일으키는 생물 다양성의 손실 문제와 토지 및 수자원의 낭비 없이 양질의 단백질을 섭취할 수 있다. 개미들이 아무것도 낭비하지 않고, 정원을 비옥하게 만들고, 다른 벌레나 지렁이와 협력하여 영양분과 수분을 제공하듯이, 우리도 식품 낭비를 줄이기 위해 힘을 합쳐야 한다. 그리고 그렇게 할 때 그것이 우리가 할 수 있는 가장 가치 있는 소비임을 깨닫게 될 것이다.

패스트패션 트렌드를, 그 속도만큼이나 빠르게 이전으로 되돌릴 수 있다면 얼마나 좋을까. 물건을 쉽게 버리는 해로운 문화는 마치, 노예제를 대하듯 거부하는 것이 옳다. 내가 이 단어를 가볍게 입에 올린 것은 절대 아니다. 의류와 식품 산업을 비롯한 현대 세계에는 이전보다 더 많은 노예가 존재한다고 해도 과언이 아니다. 다만 밀집된 공급망이 이들의 현실과 생태계 파괴 문제를 가리고 있을 뿐이다. 이제 우리는 물건을 다시 사용하고, 고쳐서 쓰고, 재활용함으로써 섬유 생산에 쓰이는 토지와 화석 연료를 대폭 줄여야 한다. 그리고 그 대신 자연과 벌레를 위한 공간을 늘려야 한다!

리버깅한 세상에서도 벌레를 죽이는 화학물질은 아마 계속 존재할 것으로 생각된다. 그러나 화학물질의 사용은 제한적인 허가를 통해 감시되고 엄격하게 통제될 것이다. 해충과 질병 관리는 여전히 필요하겠지만, 생물학적 방제의 비중을 높이고, 다양한 동식물이 공존하는 환경을 조성하며, 무척추동물을 위협하는 요인을 줄임으로써 우리는 좀 더 자연스럽게 균형을 이룰 수 있을 것이다.

좀먹은 옷과 흰개미를 무작정 참고 견뎌야 할까? 그렇지는 않다. 그러나 좀 더 지혜롭게 그것들을 퇴치할 방법을 찾아야 한다. 나방과 흰개미로부터 옷과 집을 보호하면서도 물리적으로 벌레를 쫓을 방법이 분명히 있을 것이다. 인간이 자연을 고갈하고 파괴할 권리를 스스로 부여하지 않는 이 새로운 세계에서는 우리가 소유하거나 필요로 하는 물건이 많지 않으므로, 우리는 지금과는 다른 모습으로 일하고, 놀고, 생활할 것이다.

기후변화는 벌레와 인간을 모두 위협한다. 화석 연료 및 잘못된 토지 사용으로 발생하는 온실가스 배출량을 줄이지 않으면, 우리는 모두 심각한 위기에 직면할 것이다. 리버깅한 미래에서는 화석 연료 대신 재생에너지와 에너지 효율을 높이는 기술에 투자할 것이다. 나무와 덤불이 무성하고 벌레가 가득한 토양 덕분에 계속해서 작물을 재배할 수 있으므로 우리는 좀 더 앞서서 변화를 관리할 수 있을 것이다. 탄소와 생물 다양성이 풍부한 숲과 습지가 파괴되지 않으니, 그동안 숲과 습지가 자연과 벌레, 기후와 인간을 위해 해왔던 일들도 쭉 유지될 것이다. 숲에서 살던 토착 거주민들은 지난 수천 년간 해왔듯이 조화롭게 어울리며 숲을 관리하고, 숲 생태계에 불필요한, 남는 부분만 수확한다. 무척추동물이 이루는 초군체처럼, 마침내 우리도 서로 협력하고, 자원을 공유하고, 필요한 것만 소비하고 그 이상을 낭비하지 않는 이상적인 세계를 이룰 것이다.

내가 제시한 비전이 설득력 없다고 생각할지도 모르겠다. 그러나 현재 우리가 위기를 맞이하고 있음은 외면할 수 없는 현실이며, 효과적이고, 지속 가능하며, 회복력 있고, 공정한 방향을 찾아서 나아가야 함은 분명하다. 자연과 생물 다양성을 보호하는 일은 기후변화를 막는 것만큼이나 중요하지만, 그보다 좀 더 복잡한 일처럼 느껴진다. 화석 연료를 재생에너지로 대체하는 것과는 다르게, 생물 다양성의 원천을 단순히 다른 것으로 대체할 수는 없는 노릇이기 때문이다. 그러나 벌레들에게 제자리를 되찾아주는 것은 가능한 일이다.

내가 이 책을 써야겠다고 생각하게 된 것은 모든 사람이 각자 실천 가능한 방법대로 리버깅에 참여하는 모습을 상상하면서부터다. 한 걸음 한 걸음씩, 야생화 한 송이 한 송이씩, 길가 풀밭 하나씩, 한 끼니 한 끼니씩……. 그리고 이 변화는 이미 일어나고 있다. 점점 더 많은 사람이 자연과 벌레의 역할에 관심을 두고, 인정하고, 행동하기 시작한다. 나는 느낄 수 있다.

## 리버깅을 시작하려는 당신에게

이 책을 읽은 후, 여기서 소개한 팁과 아이디어를 활용해서 혼자서 리버깅에 동참하기로 마음먹은 독자가 있을지도 모르겠다. 멋지다. 그 여정에 벌레들이 좋은 동료가 되어주리라고 생각한다. 그러나 모든 것을 혼자서 하고 싶지는 않을 수도 있다. 리버깅에 도움을 줄 수 있는 단체와 도구가 매우 많다.

여기서 소개하는 단체들은 큰 주제에 따라 분류되어 있다. 식품 관련 단체, 소비자 단체, 무척추동물 또는 그보다 광범위한 야생동물과 그들의 서식지를 보호하는 단체, 특정 장소를 보호하는 단체 등으로 나누었다. 상당수 단체가 하나 이상의 활동을 진행하므로 일부는 중복되어 등장하기도 한다. 보호 단체들은 자기들이 관리하는 보호구역과 장소가 따로 있는 경우가 많으므로 그곳에 방문해서 보호 활동을 도울 수도 있다. 여기서는 미국과 영국을 비롯한 여러 글로벌 단체를 소개한다.

벌레 친화적인 정원을 가꾸는 일부터 정치인에게 편지를 쓰는 것까지, 이러한 일을 하는 방법에 있어서 옳고 그른 것은 없다. 그저 그 과정에서 당신이 찾는 것을 발견할 수 있기를, 그리고 즐겁고 성공적으로 리버깅에 이를 수 있기를 진심으로 바랄 뿐이다.

● 원예, 농사, 식품 ●

**바이오다이내믹 협회**
www.biodynamic.org.uk
농업 생태학적이고 자연에 초점을 둔 농업과 원예, 이른바 바이오다이내믹을 촉진하고자 1929년 영국에서 설립된 자선단체.

**캐피털 그로스**
www.capitalgrowth.org
집, 텃밭, 공동 정원 등에서 먹거리를 재배하도록 지원하는 네트워크. 저렴한 비용의 교육·훈련, 네트워킹 행사, 장비 판매 및 할인 등의 활동을 통해 런던에서 직접 작물을 기르는 사람들을 돕는다.

### 에티컬 컨슈머

www.ethicalconsumer.org

누구나 가입할 수 있는 독립적인 비영리 기업으로, 소비자가 더 친환경적이고 공정하며 건강한 선택을 하는 데 필요한 모든 도구와 자료를 제공한다.

### 파밍 앤드 와일드라이프 자문단체

www.fwag.org.uk/about-fwag

농업 공동체에 환경과 자연보전과 관련한 현실적이고 독립적인 조언을 제공한다.

### 가든 오가닉

www.gardenorganic.org.uk

창가, 정원, 공동 정원, 시민 농장에서 정원을 가꾸거나 작물을 키우는 사람들이 유기농법과 친환경 도구를 사용할 수 있도록 돕는다.

### 인크레더블 에더블 네트워크

www.incredibleedible.org.uk

2012년, 영국의 토드모던에서 시작된 모임이 큰 인기를 얻으면서 그와 비슷한 모임을 원하는 사람들의 요청에 따라, 식품을 재배하는 공동체를 이루기 위해 만들어졌다.

### 이노베이트 파머스

www.innovativefarmers.org

농업의 형태나 규모와 상관없이, 지속 가능하고 야생동물 친화적인 시스템을 활용한 농업을 연구하는 데에 초점을 둔 네트워크.

### 해양관리협의회MSC

www.msc.org/home

MSC(Marine Stewardship Council)는 어업 활동을 개선하기 위해 에코 라벨과 어장 인증 프로그램을 활용하며, 세계의 해양 건강에 공헌한다.

**OF&F(Organic Farmers and Growers)**

www.ofgorganic.org

영국의 유기농 토지를 인증해주고, 유기농 식품 기업에 정보와 라이선스를 제공한다.

**패스처 포 라이프**

www.pastureforlife.org

목초지에서 방목하여 기른 가축 생산품의 뛰어난 품질을 촉진하고, 그러한 시스템이 제공하는 환경 및 동물 복지 혜택을 확대하기 위해 설립됐다.

**영속농업협회**

www.permaculture.org.uk

세계적인 영속농업 공동체로, 협회원과 다른 영속농업 네트워크에 있는 농부들이 지속 가능한 식품 체계를 위해 영속농업의 윤리와 원칙을 촉진할 수 있도록 돕는다.

**토양협회**

www.soilassociation.org

건강하고, 지속 가능한 식품과 농업, 토지 사용을 위한 캠페인을 벌이는 영국의 회원제 자선단체다.

**와일드라이프 가드닝 포럼**

www.wlgf.org

벌레와 야생동물에게 정원이 얼마나 중요한 공간인지를 알리고, 사람들이 정원에서 즐거움을 발견하도록 돕는다.

**우드랜드 트러스트**

www.woodlandtrust.org.uk

벌레 등의 야생동물을 위한 서식지를 제공하고, 탄소를 포집한다. 숲과 나무가 훨씬 풍성한 영국을 만드는 것을 목표로 한다.

### 우프 WWOOF

www.wwoofinternational.org

유기농 식품 재배를 경험해보고 싶은 사람들을 유기농 농부 및 생산자들과 연결해주는 세계적인 운동이다. 야생동물을 고려하는 방식으로 농장을 운영하고 작물을 재배하는 생산자들로 구성된 거대한 공동체를 이루고자 한다.

## • 무척추동물 보호 단체 •

### 양서류·파충류 보존단체 ARC

www.arc-trust.org

ARC는 양서류와 파충류, 그리고 그들이 생활하고, 먹이를 구하고, 번식하는 데 필요한 서식지를 보호한다. 보호 구역을 운영하며, 물이 있어야 살 수 있는 종과 그들의 먹이가 되는 벌레들을 위해 꼭 필요한 오아시스를 보호할 수 있도록 자원봉사자들을 관리한다.

### 버그라이프

www.buglife.org.uk

버그라이프는 모든 무척추동물을 보존하려고 노력하며, 벌, 딱정벌레, 지렁이, 쥐며느리 등 영국의 벌레를 보호하고자 애쓰는 매우 중요한 단체다.

### 호박벌보존협회

www.bumblebeeconservation.org

호박벌을 위한 주요 문제를 다루기 위해 설립되었으며, 호박벌이 번성할 수 있도록, 사람들이 호박벌의 가치를 인정할 수 있도록 노력한다.

### 나비보존단체

www.butterfly-conservation.org

나비와 나방을 보존하기 위한 프로젝트와 캠페인을 열어 활동한다. 나비와 나방은 우리 야생동물 유산의 핵심이며, 환경 건강을 나타내는 지표다.

## 국립 곤충 주간

www.nationalinsectweek.co.uk

영국 왕립곤충학회에서 주최하는 행사로, 남녀노소 모두가 곤충에 대해 더 많이 배울 수 있도록 지원해준다.

## 왕립곤충학회

www.royensoc.co.uk

영국 왕립곤충학회는 곤충 관련 과학의 촉진 및 발전을 위해 설립됐으며, 국제적인 협업과 연구를 지원하고, 여러 출판물을 내고 있다. 또한 국립 곤충 주간을 운영한다.

## 아마추어 곤충학자협회

www.amentsoc.org

1935년, 곤충에 관심이 있는 자원봉사자들이 모여 설립했다. 곤충학 연구, 특히 아마추어 연구가들과 젊은 세대들의 연구를 지지한다.

## 런던동물학회ZSL

www.zsl.org

과학을 통한 야생동물 보호, 세계적인 들판 보전, 두 곳의 동물원 운영을 통해 대중의 관심을 고취하고자 노력하는 국제 자연보호 단체다.

## • 캠페인을 진행하는 야생동물 단체 •

### 버드라이프 인터내셔널

www.birdlife.org

조류를 보호하는 모든 국가적인 보호 단체의 글로벌 네트워크. 벌레를 비롯한 야생동물에게 영향을 미치는 중대한 보전 활동들을 지지하고 수행한다.

### 영국생태학회

www.britishecologicalsociety.org

1913년 생태학 촉진을 위해 설립됐으며, 생태학의 발전을 위해 세계 곳곳에 회원들을 두고 있다.

### 환경조사기구EIA

www.eia-international.org

전 세계에서 일어나는 환경 관련 범죄와 야생동물 학대를 조사한다.

### 국제동식물보존단체Fauna and Flora International

www.fauna-flora.org

세계에서 가장 오래된 국제 야생동물 보존단체로, 세계의 생물 다양성을 보호하는 데에 집중한다.

### 글로벌 캐노피 프로그램

www.globalcanopy.org

콩, 소고기, 야자유와 같이 세계 주요 산림 파괴의 원인이 되는 물품의 생산, 거래, 자금 조달에 초점을 맞춘다.

## 그린피스

www.greenpeace.org
자연 파괴를 막기 위해 설립된 세계적인 단체.

## 내셔널 트러스트

www.nationaltrust.org.uk
국가의 해안, 유적지, 시골, 녹지를 돌보고, 모두가 혜택을 누릴 수 있도록 노력한다.

## 농약행동망

www.pan-uk.org
영국에서 활동하는 자선단체로, 농약으로 인한 문제를 막고 농업, 도심, 가정, 정원에서
안전하고 지속 가능한 대안을 촉진하는 것에 초점을 둔다. 그 결과 벌레를 위해서도 많
은 것을 하고 있다. 영국과 해외의 정책과 관행에 변화를 일으키는 캠페인을 벌이고, 소
규모 자작농 공동체가 농약으로 인한 건강 악화와 가난에서 벗어날 수 있도록 돕는 프
로젝트를 조직하며, 과학적·기술적 전문지식을 공유한다.

## 리와일딩 유럽

www.rewildingeurope.com
유럽을 좀 더 야생에 가까운 공간으로 가꾸는 것을 목표로 한다.

## 트리 포 라이프

www.treesforlife.org.uk
스코틀랜드 북부 산악 지방에 야생 숲을 재활성화하겠다는 비전을 이루기 위해서 그곳
에 불개미를 포함한 야생동물들을 위한 공간을 제공한다.

## 오듀본

www.audubon.org

국립오듀본협회National Audubon Society는 과학 지식, 교육, 현지 보존을 통해 미국 전체에 걸쳐 조류와 조류를 위한 환경을 보호하기 위해 일한다.

## 국제보호협회CI

www.conservation.org

최첨단 과학기술, 혁신적인 정책, 세계적인 영향권을 통해 자연을 보호한다.

## 시에라 클럽

www.sierraclub.org

가장 근간이 되는 미국의 영향력 있는 환경 단체로, 380만 명의 회원과 지지자를 보유하고 있다. 건강한 지구에 대한 모든 사람의 권리를 지키기 위해 노력한다.

## 제인구달연구소

www.janegoodall.org

유인원과 그들의 서식지를 이해 및 보호하며, 창립자인 제인 구달 박사의 유산에 기반을 두고, 환경과 야생동물을 돕기 위한 개인적인 활동을 하도록 권장한다.

## 국립야생동물연맹NWF

www.nwf.org

사냥꾼, 낚시꾼, 도보 여행자, 새를 보는 사람, 야생동물 관찰자, 보트를 타는 사람, 등산객, 야영객, 자전거 타는 사람, 농부, 숲 관리인, 기타 야외를 좋아하는 사람들을 위해 자연 자원을 보호한다.

## 네이처 컨서번시

www.nature.org

사람과 자연이 번성할 수 있는 세계를 만들기 위해 노력하는 국제 환경 단체.

## 야생동물보존협회<sup>WCS</sup>

www.wcs.org

WCS의 목표는 지구의 생물 다양성의 절반이 넘는 종이 서식하는, 세계에서 가장 큰 야생 지역들(14곳의 우선순위 지역)을 보존하는 것이다.

## 세계자연기금<sup>WWF</sup>

www.worldwildlife.org

WWF의 역할은 순수하게 '종과 풍경을 구하는 것'에서 '더 거대하고 세계적인 위협과 피해를 일으키는 추진 요인을 다루는 것'으로 점점 발전해왔다.

## 서세스 소사이어티

www.xerces.org

무척추동물과 그들의 서식지를 보존하기 위한 국제 단체. 단체명은 지금은 멸종된 서세스블루 나비(Glaucopsyche xerces)에서 따왔다. 서세스블루는 북미에서 최초로 인간에 의해 멸종된 나비다.


## • 지역 단체 •

당신이 사는 지역의 신문, 안내 책자, 지역 웹사이트 등을 확인하면 지역 내의 공동체 그룹을 찾을 수 있을 것이다. 지역 규모의 환경보전 및 야생동물 단체, 자원봉사단체를 찾아보고, 당신이 사는 곳의 동사무소, 구청, 시청 등에 목록을 요청하거나, 웹사이트에서 자연

보호 활동과 자원봉사 기회가 있는지를 확인해보라. 지역 규모의 환경보전 및 야생동물 단체는 당신의 리버깅 여정에서 매우 소중한 동반자가 되어줄 것이다. 지역 농부와 토지 소유주는 농장의 야생동물을 파악하고 추적하는 지역 단체와 이미 함께하고 있을지도 모른다.

# 감사의 글

이 책을 쓰기까지 매우 많은 사람에게 영감을 받았으므로, 먼저 그들에게 감사를 표하지 않을 수 없다. 내가 의지해온 많은 환경운동가와 연구원, 그리고 내게 영감을 준 작가와 캠페인 운동가들이 있다. 내가 그들의 탐구와 연구를 적절하게 참고했기를 바라며, 모든 오류와 누락은 명백히 나 혼자만의 잘못이다.

정말로 실현되리라고는 한 번도 생각해본 적이 없는 프로젝트를 이룰 수 있게 멋진 기회를 선사해준 첼시그린 출판의 존 래, 마이클 메티비어, 로즈 볼드윈에게 감사를 전한다. 첼시그린의 무나 리얼은 훌륭한 편집자로서 자칫 이해하기 어려울 수 있게 쓰인 글을 쉽게 다듬어 주었다. 그리고 그동안 내게 훌륭한 조언을 주고 나를 보살펴준, 나를 아는 모든 사람, 특히 서스테인의 팀원들에게 고마운 마음을 전하고 싶다. 나는 이 책의 3분의 1을 코로나19 봉쇄 기간에 썼다. 이를 참아주고 필요할 때마다 조용히 해준 가족들에게 이루 말할 수 없이 깊은 감사를 전한다. 아들 톰과 올리, 남편 팀에게, 그리고 세계 곳곳의 농장과 거리에서 벌레와 벌레 서식지를 지키기 위해 노력하는 수많은 고마운 사람들에게 이 책을 바친다.

# 주

## 추천의 말

1   Rodolfo Dirzo et al., 'Defaunation in the Anthropocene', Science 345, no. 6195 (July 2014): 401-06, http://doi.org/10.1126/science.1251817.

2   Howard Dryden and Diane Duncan, 'Plastic and Chemicals Toxic to Plankton Will Accelerate Ocean Acidification Which Could Devastate Humanity in 25 Years Unless We Stop the Pollution', Environmental Science eJournal 1, no. 28 (June 2021), http://dx.doi.org/10.2139/ssrn.3860950.

3   Caspar A. Hallmann et al., 'More Than 75 Percent Decline Over 27 Years in Total Flying Insect Biomass in Protected Areas', PLoS ONE 12, no. 10 (October 2017): e0185809, https://doi.org/10.1371/journal. pone.0185809; Hallmann et al., 'Declining Abundance of Beetles, Moths and Caddisflies in the Netherlands', Insect Conservation and Diversity 13, no. 2 (March 2020): 127-39, https://doi.org/10.1111/icad.12377.

# 들어가며

1   Francisco Sanchez-Bayo and Kris A.G. Wyckhuys, 'Worldwide Decline of the Entomofauna: A Review of Its Drivers', Biological Conservation 232 (April 2019): 8-27, https://doi.org/10.1016/j.biocon.2019.01.020.

2   Simon Leather 'Insectageddon" - Bigger Headlines, More Hype, but Where's the Funding?' Don't Forget The Roundabouts blog, 15 February 2019, https://simonleat her.wordpress.com/2019/02/15/insect ageddon-bigger-headlines-more-hype-but-wheres-the-funding/.

3   Dave Goulson, Insect Declines and Why They Matter, Report Commissioned by the South West Wildlife Trusts, https://www.flipsnack.com /devonwildlifetrust/insect-declines/full-view.html.

4   Ollerton, J., Winfree, R. and Tarrant, S., 'How Many Flowering Plants are Pollinated by Animals?', Oikos, 120 (February 2011): 321-326, https://doi.org/10.1111/j.1600-0706.2010.18644.xhttps://online library.wiley.com/doi/full/10.1111/j.1600-0706.2010.18644.x.

5   Dave Goulson, 'Are Robotic Bees the Future?', Dave's Blog, University of Sussex, 16 October, 2018, http://www.sussex.ac.uk/lifesci/goulson lab/blog/robotic-bees.

6   Arno Thielens et al., 'Radio-Frequency Electromagnetic Field Exposure of Western Honey Bees', Science Reports 10, no. 461 (2020), https://doi.org/10.1038 /s41598-019-56948-0.

## Chapter 1

1   Michael J. Samways et al., 'Solutions for Humanity on How to Conserve Insects', Biological Conservation 242 (February 2020): 108427, https://doi.org/10.1016/ j.biocon.2020.108427.

2   Patrick Greenfield, '"Sweet City": The Costa Rica Suburb that Gave Citizenship to Bees, Plants and Trees', Guardian, 29 April 2020, https://www.theguardian.com/ environment/2020/apr/29/sweet-city-the-costa-rica-suburb-that-gave-citizenship-to-bees-plants-and-trees-aoe.

3    Patrick Greenfield, '"Sweet City": The Costa Rica Suburb that Gave Citizenship to Bees, Plants and Trees', Guardian, 29 April 2020, https://www.theguardian.com/environment/2020/apr/29/sweet-city-the-costa-rica-suburb-that-gave-citizenship-to-bees-plants-and-trees-aoe.

4    Municipality of Curridabat, 'Curridabat: Sweet City: A City Modelling Approach Based Pollination', Curridabat Sweet City Magazine, https://static1.squarespace.com/static/5bbd32d6e66669016a6af7e2/t/5c757759e2c4835d3cbc174f/1551202139913/Currida bat_Sweet_City_Magazine.pdf.

5    Desmond Pugh, 'Monmouth Can Become World's First Bee Town', Monmouthshire Beacon, 11 October 2019, http://www.monmouthshire beacon.co.uk/article.cfm?id=117564.

6    Qijue Wang and Hannes C. Schniepp, 'Strength of Recluse Spider's Silk Originates from Nanofibrils', ACS Macro Letters 7, no. 11 (October 2018): 1364-70, https://doi.org/10.1021/acsmacrolett.8b00678.

7    Jesus Rivera et al., 'Toughening Mechanisms of the Elytra of the Diabolical Ironclad Beetle', Nature 586 (October 2020): 543-48, https://doi.org/10.1038/s41586-020-2813-8.

8    Hao Liu et al., 'Biomechanics and Biomimetics in Insect-Inspired Flight Systems', Philosophical Transactions of the Royal Society B 371, no. 1704 (September 2016), https://doi.org/10.1098/rstb.2015 .0390.

9    Pan Liu et al., 'Flies Land Upside Down on a Ceiling Using Rapid Visually Mediated Rotational Maneuvers', Science Advances 5, no. 10 (October 2019): eaax1877, https://doi.org/10.1126/sciadv.aax1877.

10    Bjorn Carey, 'Stanford Researchers Discover the "Anternet"', Stanford News, 24 August 2012, https://news.stanford.edu/news/2012/august/ants-mimic-internet-082312.html.

11    Yves Basset et al., 'Arthropod Diversity in a Tropical Forest', Science 338, no. 6113 (December 2012): 1481-84, https://doi.org/10.1126/science.1226727.

12    Nigel E. Stork and Jan C. Habel, 'Can Biodiversity Hotspots Protect More Than Tropical Forest Plants and Vertebrates?', Journal of Biogeography 41, no. 3 (March 2014): 421-28, https://doi.org/10.1111/jbi.12223.

13  Louisa Casson, 'Protecting Nature Means Protecting Ourselves', Greenpeace, 22 May 2020, https://www.greenpeace.org/international/story/43423/protecting-nature-means-protecting-ourselves/.

14  Erica L. Morley and Daniel Robert, 'Electric Fields Elicit Ballooning in Spiders', Current Biology 28, no. 14 (July 2018): 2324-30, https://doi.org/10.1016/j.cub.2018.05.057.

15  John E. Losey and Mace Vaughan, 'The Economic Value of Ecological Services Provided by Insects', Bioscience 56, no. 4 (April 2006): 311-23, https://doi.org/10.1641/0006-3568(2006)56[311:TEVOES]2.0.CO;2.

16  David Kleijn et al., 'Delivery of Crop Pollination Services is an Insufficient Argument for Wild Pollinator Conservation', Nature Communications 6 (2015): 7414, https://doi.org/10.1038/ncomms8414.

17  Sarah Knapton, 'Bees Contribute More to British Economy Than Royal Family', Telegraph, 17 June 2015, https://www.telegraph .co.uk/news/earth/wildlife/11679210/Bees-contribute-more-to-British-economy-than-Royal-Family.html.

18  Simon G. Potts, Vera L. Imperatriz-Fonseca, and Hien T. Ngo, eds., 'Assessment Report on Pollinators, Pollination and Food Production', Intergovernmental Science-Policy Platform on Biodiversity and Ecosystem Services (7 December 2016), https://doi.org/10.5281/zenodo.3402856.

## Chapter 2

1  Kris A.G. Wyckhuys et al., 'Biological Control of an Agricultural Pest Protects Tropical Forests', Communications Biology 2, no. 10 (January 2019), https://doi.org/10.1038/s42003-018-0257-6.

2  M. Subrahmanyam, 'Topical Application of Honey in Treatment of Burns', Br J Surg, 78 (4), (April 1991):497-98, https://doi:10.1002/bjs.1800780435. PMID: 2032114. 3. 'Edible Insects for Animal Feed', Persistence Market Research (April 2020), https://www.persistencemarketresearch.com/market-research/edible-insects-for-animal-feed-market.asp.

3  'Edible Insects for Animal Feed', Persistence Market Research (April2020), https://ww

w.persistencemarketresearch.com/market-research/edible-insects-for-animal-feed-market.asp.


## Chapter 3

1      Isabella Tree, Wilding: The Return of Nature to a British Farm (London: Picador, 2018).

2      Isabella Tree, Wilding: The Return of Nature to a British Farm (London: Picador, 2018).

3      Douglas H. Chadwick, 'Keystone Species: How Predators Create Abundance and Stability', Mother Earth News, 1 June 2011, https://www.motherearthnews.com/nature-and-environment/wildlife /keystone-species-zm0z11zrog#ixzz1clbGyAwq.

4      National Wood Ant Steering Group, 'UK Wood Ants', The James Hutton Institute, https://www.woodants.org.uk/species/significance.

5      Jenni A. Stockan et al., 'Wood Ants and Their Interaction with Other Organisms', Wood Ant Ecology and Conservation 8 (June 2016): 177-206, https://doi.org/10.1017/CBO9781107261402.009.

6      Neus Rodriguez-Gasol et al., 'The Contribution of Surrounding Margins in the Promotion of Natural Enemies in Mediterranean Apple Orchards', Insects 10, no. 5 (2019), https://doi.org/10.3390/insects10050148.

7      Brett R. Blaauw and Rufus Isaacs, 'Flower Plantings Increase Wild Bee Abundance and the Pollination Services Provided to a Pollination-Dependent Crop', Journal of Applied Ecology (March 2014), https://doi.org/10.1111/1365-2664.12257.

8      'Wood Ants (Formica aquilonia, Formica lugubris) Play a Very Important Role in the Caledonian Forest Ecosystem', Trees for Life, https://treesforlife.org.uk/into-the-forest/trees-plants-animals/insects-2/.

9      Vicki Hird, 'We Have an Agriculture Act - But Let's Not Relax Now', Sustainable Farming Policy (blog), Sustain, 11 November 2020, https://www.sustainweb.org/blogs/nov20-new-agriculture-act2020/.

10      Timothy C. Winegard, The Mosquito: A Human History of Our Deadliest Predator (New York: Dutton, 2019).

## Chapter 4

1   Luis Mata et al., 'Conserving Herbivorous and Predatory Insects in Urban Green Spaces', Scientific Reports 7 (January 2017): 40970, https://doi.org/10.1038/srep40970.

2   'Pesticide-Free Towns Campaign', Pesticide Action Network UK, https://www.pan-uk.org/pesticide-free/.

3   'Breaking New Ground with Eco Drive to Bring the Country's Verges to Life', Highways England, 2 December 2020, https://www.gov.uk/government/news/breaking-new-ground-with-eco-drive-to-bring-the-countrys-verges-to-life.

4   Capital Growth, 'London Grows Wild: A Guide to Wildlife-friendly Food Growing', Sustain, 19 September 2016, https://www.sustain web.org/publications/london_grows_wild.

5   'Simple Things You Can Do to Help Wildlife,' Wildlife Trusts, https://www.wildlifetrusts.org/actions.

6   Robert A. Hammond and Malcolm D. Hudson, 'Environmental Management of UK Golf Courses for Biodiversity - Attitudes and Actions', Landscape and Urban Planning 83, no. 2-3 (November 2007): 127-36, https://doi.org/10.1016/j.landurbplan.2007.03.004.

7   Mata, 'Conserving Herbivorous and Predatory Insects', 40970.

8   Witney Town Council, 'Witney Tiny Forest', (March 2020): http://www.witney-tc.gov.uk/witneys-tiny-forest/; 'UK's First-Ever Tiny Forest Seeks to Deliver Big Benefits for People and the Environment', Earthwatch, https://earthwatch.org.uk/component/k2/tiny-forest.

## Chapter 5

1   Graham A. Montgomery et al., 'Is the Insect Apocalypse Upon Us? How to Find Out', Biological Conservation 241 (January 2020): 108327, https://doi.org/10.1016/j.biocon.2019.108327.

2   Swantje Grabener et al., 'Changes in Phenology and Abundance of Suction-Trapped Diptera from a Farmland Site in the UK over Four Decades', Ecological Entomology 45,

no. 5 (October 2020): 1215-19, https://doi.org/10.1111/een.12873.

3    Christopher A. Halsch et al., 'Pesticide Contamination of Milkweeds Across the
     Agricultural, Urban, and Open Spaces of Low-Elevation Northern California', Frontiers
     in Ecology and Evolution (2020): https://doi.org/10.3389/fevo.2020.00162.

4    A. Atkinson et al., 'A Re-appraisal of the Total Biomass and Annual Production of
     Antarctic Krill', Deep-Sea Research Part I 56, no. 5 (May 2009): 727-40, https://
     doi.org/10.1016/j.dsr.2008.12.007.

5    Daniel G. Boyce et al., 'Global Phytoplankton Decline over the Past Century', Nature
     466 (2010): 591-96, https://doi.org/10.1038/nature 09268.

6    Peter Soroye et al., 'Climate Change Contributes to Widespread Declines among
     Bumble Bees across Continents,' Science 367, no. 6478 (February 2020): 685-88,
     https://doi.org/10.1126/science.aax8591.

7    Helen R.P. Phillips et al., 'Global Distribution of Earthworm Diversity', Science 366,
     no. 6464 (October 2019): 480-85, https://doi.org/10.1126/science.aax4851.

8    Jean M. Holley and Nigel R. Andrew, 'Experimental Warming Disrupts Reproduction
     and Dung Burial by a Ball-Rolling Dung Beetle', Ecological Entomology 44, no. 2 (April
     2019): 206-16, https://doi.org/10.1111/een.12694.

9    Alexander G. Little et al., 'Population Differences in Aggression Are Shaped by
     Tropical Cyclone-Induced Selection', Nature Ecology & Evolution 3 (2019): 1294-97,
     https://doi.org/10.1038/s41559-019-0951-x.

10   Amanda M. Koltz and Justin P. Wright, 'Impacts of Female Body Size on Cannibalism
     and Juvenile Abundance in a Dominant Arctic Spider', Journal of Animal Ecology 89,
     no. 8 (August 2020): 1788-98, https://doi.org/10.1111/1365-2656.13230.

11   Anna-Christin Joel et al., 'Biomimetic Combs as Antiadhesive Tools to Manipulate
     Nanofibers', ACS Applied Nano Materials 3, no. 4 (2020): 3395-3401, https://
     doi.org/10.1021/acsanm.0c00130.

12   Sandra Diaz et al., 'Summary for Policymakers of the Global Assessment Report on
     Biodiversity and Ecosystem Services', Intergovernmental Science-Policy Platform on
     Biodiversity and Ecosystem Services, 25 November 2019, https://doi.org/10.5281/
     zenodo.3553579.

13  Penelope A. Hancock et al., 'Mapping Trends in Insecticide Resistance Phenotypes in African Malaria Vectors', PLOS Biology 18, no. 6 (2020): e3000633, https://doi.org/10.1371/journal.pbio.3000633.

14  Stephen J. Martin et al., 'A Vast 4,000-Year-Old Spatial Pattern of Termite Mounds', Current Biology 28, no. 22 (November 2018): 1292-93, https://doi.org/10.1016/j.cub.2018.09.061.

15  Katie Burton, 'The Story Behind Brazil's 200 Million Termite Mounds', Geographical (2019), https://geographical.co.uk/nature/wildlife/item/3053-the-story-behind-brazil-s-200-million-termite-mounds.

16  Peter Dizikes, 'Out of Thick Air', MIT News, 21 April 2011, http://news.mit.edu/2011/fog-harvesting-0421.

17  Charlotte Bruce-White and Matt Shardlow, 'A Review of the Impact of Artificial Light on Invertebrates', Buglife (2011), https://cdn.buglife.org.uk/2019/08/A-Review-of-the-Impact-of-Artificial-Light-on-Invertebrates-docx_0.pdf.

18  Erin P. Walsh et al., 'Noise Affects Resource Assessment in an Invertebrate', Biology Letters 13, no. 4 (April 2017), https://doi.org/10.1098/rsbl.2017.0098.

19  Hansjoerg P. Kunc and Rouven Schmidt, 'The Effects of Anthropogenic Noise on Animals: a Meta-analysis', Biology Letters 15, no. 11 (November 2019), http://doi.org/10.1098/rsbl.2019.0649.

20  Arno Thielens et al., 'Exposure of Insects to Radio-Frequency Electromagnetic Fields from 2 to 120 GHz', Science Reports 8, no. 3924 (2018), https://doi.org/10.1038/s41598-018-22271-3.

21  Arno Thielens et al., 'Radio-Frequency Electromagnetic Field Exposure of Western Honey Bees', Science Reports 10, no. 461 (2020), https://doi.org/10.1038/s41598-019-56948-0.

## Chapter 6

1  Manu E. Saunders, 'Resource Connectivity for Beneficial Insects in Landscapes Dominated by Monoculture Tree Crop Plantations', International Journal of Agricultural Sustainability 14, no. 1 (2016): 82-99, https://doi.o

rg/10.1080/14735903.2015.1025496.

2   Amanda E. Martin et al., 'Effects of Farmland Heterogeneity on Biodiversity Are
    Similar to - or Even Larger Than - the Effects of Farming Practices', Agriculture,
    Ecosystems & Environment 288 (February 2020): 106698, https://doi.org/10.1016/
    j.agee.2019.106698.

3   Foteini G. Pashalidou et al., 'Bumble Bees Damage Plant Leaves and Accelerate
    Flower Production When Pollen Is Scarce', Science 368, no. 6493 (May 2020): 881-84,
    https://doi.org/10.1126/science.aay0496.

4   Gary D. Powney et al., 'Widespread Losses of Pollinating Insects in Britain', Nature
    Communications 10, no. 1018 (2019), https://doi.org /10.1038/s41467-019-08974-9.

5   'Saving England's Most Threatened Species from Extinction - Ladybird Spider', Back
    from the Brink (2020), https://naturebftb.co.uk/the-projects/ladybird-spider/.

6   David Goulson et al., 'Rapid Rise in Toxic Load for Bees Revealed by Analysis
    of Pesticide Use in Great Britain', PeerJ 6, e5255 (2018), https://doi.org/10.7717/
    peerj.5255.

7   Michael C. Tackenberg et al., 'Neonicotinoids Disrupt Circadian Rhythms and Sleep
    in Honey Bees', Scientific Reports 10, no. 17929 (2020), https://doi.org/10.1038
    /s41598-020-72041-3.

8   Daniel Schlappi et al., 'Long-Term Effects of Neonicotinoid Insecticides on
    Ants', Communications Biology 3, no. 335 (2020), https://doi.org/10.1038
    /s42003-020-1066-2.

9   Yuta Yamaguchi et al., 'Double-Edged Heat: Honeybee Participation in a Hot
    Defensive Bee Ball Reduces Life Expectancy with an Increased Likelihood of Engaging
    in Future Defense', Behavioral Ecology and Sociobiology 72, no. 123 (2018), https://
    doi.org/10.1007/s00265-018-2545-z.

10  The UN Food and Agriculture Organization (FAO) and World Health Organization
    (WHO) define IPM as follows: 'Integrated pest management means careful
    consideration of all available plant protection methods and subsequent integration
    of appropriate measures that discourage the development of populations of harmful
    organisms and keep the use of plant protection products (pesticides) and other forms

of intervention to levels that are economically and ecologically justified and reduce or
minimise risks to human health and the environment. "Integrated pest management"
emphasises the growth of a healthy crop with the least possible disruption to agro-
ecosystems and encourages natural pest control mechanisms.'

11  Mayara C. Lopes et al., 'Parasitoid Associated with Liriomyza huidobrensis (Diptera:
    Agromyzidae) Outbreaks in Tomato Fields in Brazil', Agricultural and Forest Entomology
    22 (2020): 224-30, https://doi.org/10.1111/afe.12375.

12  Steven Kragten et al., 'Abundance of Invertebrate Prey for Birds on Organic and
    Conventional Arable Farms in the Netherlands', Bird Conservation International 21,
    no. 1 (March 2011): 1-11, https://doi.org/10.1017/S0959270910000079.

13  Sean L. Tuck et al., 'Land-Use Intensity and the Effects of Organic Farming on
    Biodiversity: A Hierarchical Meta-analysis', Journal of Applied Ecology 51, no. 3
    (2014): 746-55, https://doi.org/10.1111/1365-2664.12219.

14  Friends of the Earth, 'Farming Wheat without Neonicotinoids' and 'Farming Oilseed
    Rape without Neonicotinoids', Agricology, 2016, https://www.agricology.co.uk/
    sites/default/files/farming-wheat-without-neonicotinoids-102577.pdf and https://
    www.agricology.co.uk/resources/farming-oilseed-rape-without-neonicotinoids.

15  'Farm to Fork Strategy - for a Fair, Healthy and Environmentally-Friendly Food
    System' European Commission (2020), https://ec.europa.eu/food/farm2fork_en.

16  IPCC, 'Special Report on Climate Change and Land IPCC, 2019: Summary for
    Policymakers' in 'Climate Change and Land: an IPCC Special Report on Climate
    Change, Desertification, Land Degradation, Sustainable Land Management, Food
    Security, and Greenhouse Gas Fluxes in Terrestrial Ecosystems' (2019), https://
    www.ipcc.ch/srccl/.

17  Peter Dennis et al., 'The Effects of Livestock Grazing on Foliar Arthropods Associated
    with Bird Diet in Upland Grasslands of Scotland', Journal of Applied Ecology 45 (2008):
    279-87, https://doi.org/10.1111/j.1365-2664.2007.01378.x.

18  'Food Surplus and Waste in the UK - Key Facts Updated January 2020', WRAP,
    January, 2020, https://wrap.org.uk/sites/files/wrap/Food_surplus_and_waste_in_the_UK_k
    ey_facts_Jan_2020.pdf.

19     'The State of Food and Agriculture', FAO, 2019, http://www.fao.org/3/CA6030EN/
       CA6030EN.pdf.

20     'Harnessing the Power of Food Citizenship', Food Ethics Council, 2019, https://
       www.foodethicscouncil.org/app/uploads/2019/10/Harnessing-the-power-of-food-citiz
       enship_Food_Ethics_Council_Oct-2019.pdf.

21     'Sustainable Fashion and Textiles', WRAP, accessed 5 July 2020, https://
       www.wrap.org.uk/content/textiles-overview.

22     'The TRUE Costs of Cotton: Cotton Production and Water Insecurity', Environmental
       Justice Foundation, 2012, https://ejfoundation.org/resources/downloads/EJF_Aral_repor
       t_cotton_net_ok.pdf.

23     CEPF, 'Ecosystem Profile - Cerrado Biodiversity Hotspot', (2017): 482, https://
       www.cepf.net/sites/default/files/cerrado-ecosystem-profile-en-updated.pdf.

24     'Is Cotton Conquering Its Chemical Addiction? Revised June 2018', PAN UK, 2018,
       https://www.pan-uk.org/cottons_chemical_addiction_updated/.

25     Beverley Henry et al., 'Microfibres from Apparel and Home Textiles: Prospects
       for Including Microplastics in Environmental Sustainability Assessment',
       Science of the Total Environment 652 (2019): 483-94, https://doi.org/10.1016/
       j.scitotenv.2018.10.166.

26     Naiara Lopez-Rojo et al., 'Microplastics Have Lethal and Sublethal Effects on Stream
       Invertebrates and Affect Stream Ecosystem Functioning', Environmental Pollution 259
       (2019): https://doi.org/10.1016/j.envpol.2019.113898.

27     Penelope K. Lindeque et al., 'Are We Underestimating Microplastic Abundance
       in the Marine Environment? A Comparison of Microplastic Capture with Nets of
       Different Mesh-Size', Environmental Pollution 265, Part A (2020): 114721, https://
       doi.org/10.1016/j.envpol.2020.114721.

28     Bas Boots, Connor William Russell, and Dannielle Senga Green 'Effects of
       Microplastics in Soil Ecosystems: Above and Below Ground', Environ. Sci. Technol., 53
       (September 2019): 11496-11506, https://doi.org/10.1021/acs.est.9b03304.

29     Beverley Henry, Kirsi Laitala, Ingun Grimstad Klepp, 'Microfibres from Apparel and
       Home Textiles: Prospects for Including Microplastics in Environmental Sustainability

Assessment', Science of The Total Environment 652 (February 2019): 483-94, https://doi.org/10.1016/j.scitotenv.2018.10.166.

## Chapter 7

1    Megan E. Frederickson et al., '"Devil's Gardens" Bedevilled by Ants', Nature 437 (September 2005): 495-96, https://doi.org/10.1038/437495a.

2    Chloe Sorvino, 'Silent Giant: America's Biggest Private Company Reveals Its Plan to Get Even Bigger', Forbes, 22 October, 2018, https://www.forbes.com/sites/chloesorvino/2018/10/22/silent-giant-americas-biggest-private-company-reveals-its-plan-to-get-even-bigger-1/.

3    'Plate Tech-Tonics: Mapping Corporate Power in Big Food,' ETC Group, 27 November 2019, https://www.etcgroup.org/content/plate-tech-tonics.

4    Sharon Anglin Treat, 'Revisiting Crisis by Design: Corporate Concentration in Agriculture', Institute for Agriculture and Trade Policy, 20 April, 2020, https://www.iatp.org/documents/revisiting-crisis-design-corporate-concentration-agriculture; 'Plate Tech-TechTonics: Mapping Corporate Power in Big Food,' ETC Group, 27 November 2019, https://www.etcgroup.org/content/plate-tech-tonics.

5    Lisa Held, 'Bayer Forges Ahead with New Crops Resistant to 5 Herbicides', Civil Eats, 1 July 2020, https://civileats.com/2020/07/01/bayer-forges-ahead-with-new-crops-resistant-to-5-herbicidesglyphosate-dicamba-2-4-d-glufosinate-quizalofop/.

6    'Mega-Mergers in the Global Agricultural Inputs Sector: Threats to Food Security & Climate Resilience', ETC Group, 30 October 2015: http://www.etcgroup.org/content/mega-mergers-global-agricultural-inputs-sector.

7    The companies: Syngenta, DuPont, Dow, Bayer and Monsanto. Cited in 'Plate Tech-Tonics: Mapping Corporate Power in Big Food', ETC Group, 2019, https://www.etcgroup.org/contentplate-tech-tonics.

8    'Agribusiness: Lobbying, 2020', Center for Responsive Politics, accessed 5 July 2020, https://www.opensecrets.org/industries/lobbying.php?ind=A.

9    Nina Holland and Benjamin Sourice, 'Monsanto Lobbying: An Attack on Us, Our Planet and Democracy', Corporate Europe Observatory (October 2016), https://

corporateeurope.org/sites/default/files/attachments/monsanto_v09_web.pdf.

10    Vicki Hird, 'Big Soy: Small Paraguayan Farmers Fighting Back against Global Agribusiness', Guardian, 3 February 2015, https://www.theguardian.com/global-development-professionals-network/2015/feb/03/big-soy-small-farmers-are-fighting-back-against-power-agribusiness.

11    Gregory M. Mikkelson et al., 'Economic Inequality Predicts Biodiversity Loss', PLOS One (May 2007), https://doi.org/10.1371/journal.pone.0000444.

12    Maike Hamann, et al., 'Inequality and the Biosphere' Annual Review of Environment and Resources 43 (October 2018): 61-83, https://doi.org/10.1146/annurev-environ-102017-025949.

13    'Human Rights as an Enabling Condition in the Post-2020 Global Biodiversity Framework', International Union for Conservation of Nature, 27 February, 2020, https://www.iucn.org/news/protected-areas/202002/human-rights-enabling-condition-post-2020-global-biodiversity-framework#_ftn1.

14    Thomas Wiedmann et al., 'Scientists' Warning on Affluence', Nature Communications 11, no. 3107 (2020): https://doi.org/10.1038/s41467-020-16941-y.

15    Patrick Barkham, 'Ants Run Secret Farms on English Oak Trees, Photographer Discovers', Guardian, 24 January, 2020, https://www.theguardian.com/environment/2020/jan/24/ants-run-secret-farms-on-english-oak-trees-photographer-discovers.

# 벌레가 지키는 세계

땅을 청소하고, 꽃을 피우며, 생태계를 책임지는
경이로운 곤충 이야기

초판 1쇄 발행 2023년 6월 21일
초판 2쇄 발행 2024년 7월 8일

**지은이** 비키 허드
**옮긴이** 신유희
**펴낸이** 성의현
**펴낸곳** (주)미래의창

**책임편집** 최소혜
**디자인** 공미향
**일러스트** 진고로호

**출판 신고** 2019년 10월 28일 제2019-000291호
**주소** 서울시 마포구 잔다리로 62-1 미래의창빌딩(서교동 376-15, 5층)
**전화** 070-8693-1719 **팩스** 0507-0301-1585
**홈페이지** www.miraebook.co.kr
**ISBN** 979-11-92519-70-8 03490

※ 책값은 뒤표지에 있습니다.

생각이 글이 되고, 글이 책이 되는 놀라운 경험. 미래의창과 함께라면 가능합니다.
책을 통해 여러분의 생각과 아이디어를 더 많은 사람들과 공유하시기 바랍니다.
투고메일 togo@miraebook.co.kr (홈페이지와 블로그에서 양식을 다운로드하세요)
제휴 및 기타 문의 ask@miraebook.co.kr